你必须
精力饱满，
才经得起世事刁难

鹏万里

——著

天津出版传媒集团

天津人民出版社

图书在版编目（CIP）数据

你必须精力饱满，才经得起世事刁难 / 鹏万里著
. -- 天津：天津人民出版社, 2018.12
ISBN 978-7-201-11131-5

Ⅰ.①你… Ⅱ.①鹏… Ⅲ.①成功心理 – 通俗读物
Ⅳ.①B848.4-49

中国版本图书馆CIP数据核字(2018)第276976号

你必须精力饱满，才经得起世事刁难
NI BIXU JINGLI BAOMAN CAI JINGDEQI SHISHI DIAONAN
鹏万里 著

出　　版	天津人民出版社
出 版 人	刘　庆
地　　址	天津市和平区西康路35号康岳大厦
邮政编码	300051
邮购电话	（022）23332469
网　　址	http://www.tjrmcbs.com
电子信箱	tjrmcbs@126.com
责任编辑	杨　芊
特约编辑	曹　月
装帧设计	末末美书
印　　刷	天津中印联印务有限公司
经　　销	新华书店
开　　本	710×1000毫米　1/16
印　　张	15
字　　数	180千字
版次印次	2018年12月第1版　2018年12月第1次印刷
定　　价	45.00 元

你若精力饱满，就能赢得漂亮

人生最大的悲哀不是失败，而是心有余而力不足。为什么会"力不足"？因为精力太差。有个人平时在工作中很爱发脾气，很容易暴躁，生气是家常便饭。这个人曾经无数次痛心疾首地分析过自己经常喜欢发怒的原因，认为自己在很多事情上都知道怎么做到最好，但就是因为精力太差，所以只好让别人来做。但别人总是做不好，所以他经常想靠发脾气来让别人加快工作的进度，尽可能把工作做得让他满意，结果却总是事与愿违。

拿破仑年轻的时候有一次去跟意大利军方进行谈判。与他谈判的是一位老将军。当时那位老将军已经年老体衰，精力很差。反观拿破仑，当时年轻气盛，精力极为充沛，甚至可以连续几天不睡觉，也依然精力饱满。正是发现了这一优势，拿破仑就在谈判桌上采取疲劳战术，经常把谈判会议拖上好几个小时。拿破仑的策略非常奏效，没过几天，精力不济的老将军便被迫让步，满足了拿破仑提出的要求。这告诉我们，你若精力饱满，就能赢得漂亮。

在日本保险业里，曾连续15年获得全国保险销售业绩第一名的原一平，相貌平平、身材瘦小，所以刚进入保险业时销售业绩很差。原一平当然不会坐以待毙，而是积极地想着解决方法。最终他决定，只有靠勤奋，才能弥补自己确实比别人差的那些劣势。他是这样安排自己每一天的工作的：早晨5点钟，立刻起床，洗漱完毕后，便开始为这一天的工作做好各种准备；6 点半钟开始，给客户打电话，最后确定访问时间；7 点钟开始吃早饭，并与妻子商谈交流工作上的事；8 点钟到公司去上班；9 点钟出去推销保险；下午 6 点钟下班回家；晚上 8 点钟开始读书、反省，安排新方案；11 点钟准时就寝。

当时年纪尚轻的他精力非常充沛，所以能够每天都全力以赴地落实自己的计划，从早到晚一刻不闲地工作，把该做的事都及时或提前做完，为了实现业界第一的梦想而不断地努力。通过不懈的努力，他最终戴上了日本保险史上"保险销售业绩之王"的桂冠。纵观原一平的整个成功史，我们发现所有的销售技巧都是其次的，首先要具备的其实是充沛的精力。如果不是每天都有饱满的精力作为支持，原一平不可能每天都能完成如此多的工作，而且都完成得如此出色。无数成功的事例都告诉世人，这世上所有的工作，到最后拼的都是精力。

所谓精力，指的是一个人的精神状态、兴奋度以及对事情的投入度、专注度、持续时间等等。每个人的精力各有差异，精力好的人与精力差的人，过着完全不一样的生活，未来也全然不同。为什么会这样呢？因为精力是一个人所有人生努力的最终保障，任何一个赢得了非凡成就的成功人物，首先肯定是一个精力过人的人。

想要成功，需要让智慧与勤奋都充分发挥作用。一个人如果天赋与智慧一般，那么需要通过加倍的努力来补偿，通过持之以恒的奋斗到达胜利彼岸。但所有的努力奋斗，都需要一个强大的支撑，这个支撑就是充沛的精力。如果没有充沛的精力作为支撑，任何努力都只是泡影，所有梦想也只是空想。

人生不是百米赛跑，而是一场马拉松，无论在生活中还是工作中，所有的拼搏到最后都是精力的比拼。精力好的人每天都能神采奕奕、劲头满满，做起事来雷厉风行，干起活来手脚麻利，所以总能做出好成绩。精力不好的人面对稍大的压力就受不了，碰上加班加点就会觉得难以负荷，这样的精力状态又怎么可能做得成大事呢?

你若精力饱满,就能赢得漂亮。但要让自己每天都精力饱满,从而有足够的精力去努力奋斗,早日实现自己心中的理想,就必须学会管理自己的精力。怎样才能管好自己的精力?想要让自己总是精力充沛,最常见的方法是让自己每天都学会休息睡个好觉、吃得科学又健康、用合适的运动为自己储蓄精力。还有一些事情能让我们每天都保持充沛的精力,那就是:做重要的事、拥有非常渴望实现但又一直都没有实现的梦想、做自己热爱与擅长的事。当你能每天都做好或者说管理好上述这几件事,你就一定能精力旺盛地做事,你离你最想要赢得的东西将越来越近。

这世上所有的工作,到最后都是在拼体力。人生犹如竞技场,你若精力饱满,就能赢得漂亮。管理好你的精力,则是让你高效、健康与快乐的基础。而每个人对自己最好的投资,就是拥有持续不断的饱满的精力!愿本书帮助你每天都精力饱满,在工作或生活中的每一次竞争,都赢得非常漂亮!

目　录

第三章
集中精力做重要的事，更容易出成绩

第四章
持续饱满的精力，源自对梦想的渴求

第五章

做热爱与擅长的事，会有用不完的精力

第六章

每晚睡得香，精力饱满又健康

第七章

好的饮食习惯，换来一身好精力

第八章

有运动健身习惯，精力就总是饱满

第 一 章

Chapter 1

你必须精力饱满，
才经得起世事刁难

01

那些成就非凡的人士，每天都神采奕奕

　　阿里巴巴创始人马云在节目《赢在中国》上说过这样一句话："成功大都相似，失败各有不同。"也许，每个成功人士的成功都是无法复制的，因为他们各自走过的成功路径不尽相同。但如果留心观察你会发现，绝大多数成功人士身上其实都有很多共同点。例如，那些成就非凡的人士都有一个共同点：每天都精力充沛，神采奕奕。

　　看到这些取得了巨大成就的精英人士每天都精力饱满，仿佛有用不完的劲儿，用中国一句俗语来形容就是："工作的时候跟打了鸡血一样！"有些人可能会想，是不是这些精英人士每天都会睡很长时间啊？事实上，这些成功的精英人士每天睡眠的时间比很多普通人还要短得多。下面是一些亿万富豪、成功人士的作息习惯，看看你是否能发现一些规律。

　　前香港首富李嘉诚到 80 多岁高龄还依然保持着早起的习惯。无论每天睡得多晚，他第二天早晨 6 点都一定会准时起床，随后听新闻，再打高尔夫

球，然后 8 点前到公司上班。这个习惯他已经保持了数十年。台湾富士康老板郭台铭每天早上 7 点钟一定要到公司上班，除非在外出差。他每天都会工作 15 个小时以上，这个习惯他已经坚持了 40 多年。

在我国互联网行业里，那些领军人物们每天也都会精力饱满地工作很长时间。例如，雷军和周鸿伟每周通常都工作 7 天，雷军每天基本上工作 16 个小时，人称互联网行业的"劳模"；周鸿伟则每天都至少工作 12 个小时。李彦宏说他每天早上 5 点钟准时起床，马化腾经常深夜一两点还给员工们回邮件。

微软创始人比尔·盖茨当年在公司创业阶段，也是每天早上 6 点钟起床，然后工作 16 个小时以上。当年的比尔·盖茨还有一个工作习惯，那就是经常连续工作 36 个小时不睡觉，然后再倒头睡 10 多个小时。当然，这样的工作和休息习惯恐怕只适合极少数人，大多数正常人这样来作息，恐怕身体很容易垮掉。

如今越来越多人熟知的特斯拉公司的老板埃隆·马斯克每周工作的时间都超过 100 个小时，迪士尼现任 CEO 鲍勃·艾格每天早上 4 点半起床。已故的苹果公司创始人乔布斯生前每天早上 6 点钟起床，在孩子们起床前做一些锻炼和工作，然后和孩子们吃早餐，看着他们上学。乔布斯的继任者、苹果公司现任 CEO 库克和迪士尼 CEO 鲍勃·艾格一样，也每天早上 4 点半起床，整理邮件，然后 5 点到健身房锻炼。

胡润研究院曾发布过一份有趣的报告。该研究院的工作人员走访了超过 500 名至少是千万身家的富豪，调查了他们的作息时间，发现这些富豪工作日平均睡眠 6.6 个小时，三成亿万富豪工作日睡眠时间不足 6 个小时。

但令人们不得不万分佩服的是，这些站在社会金字塔顶端的成功精英们，不但事业有成，而且每天睡眠时间那么短，却还总能神采奕奕！想要高效地完成任何一项工作，精力充沛非常必要。很难想象一个无精打采、昏昏欲睡、哈欠连天的人能高效地做好一件事。

你以为只有商界的顶级人物才会每天睡那么少觉却精力饱满吗？那些娱乐圈的明星们其实也一样。我们经常在娱乐新闻里看到，那些影视明星为了在拍摄时赶进度，有时候甚至两三天才睡几个小时。虽然睡眠时间短，但为了拍摄效果，他们经常还要保持精力十足的样子，这真让人不得不服气，难道他们的人生真的开了挂吗？

其实也不是开了挂，而是有着非常渴望要达成的目标与梦想的人，无论每天睡几个小时，都能精力饱满地做事。有很大工作压力的人，往往也会有很大的工作动力，动力一足，睡眠不足精力也照样充沛。笔者也有过这样的经历，当你一定要完成某项工作时，往往会在巨大压力下，激发出很大的能量，让你精力充沛地完成这件事。

只要你稍加注意就能发现，那些有着"一定要实现"某个目标、梦想的人，每天都能精力饱满地做事，甚至能废寝忘食地连续工作几十个小时。在旁人看来简直不可思议。也正是因为有异于常人的付出，他们所以才会做出非凡的成就。

不但商界、娱乐圈的成功人士每天都精力饱满地做事，政坛、军界的杰出人物也是如此。事实上，要成为一个名誉满天下的作家，同样需要精力充沛的每一天。日本著名作家村上春树就说过，写长篇小说其实是一种体力劳动。要进行体力劳动，精力不充沛怎么做得好？村上春树本人就是每天都精神十足地投入写作中去的典范。从 29 岁起，村上春树每天坚持凌晨五点准时起床，然后开始锻炼身体和写作。他已经坚持这个习惯 20 多年了，好的作息也帮助他逐渐构建起了一个了不起的文学世界。

有人以为想搞好文学创新，只要才华横溢就行。但村上春树却认为："我们常常把创作想得太浪漫，忽略了真正的创作不能只靠灵气和才气，还要靠别的。"这个"别的"，其实就是可持续的精力。村上春树20多年通过科学作息、跑步锻炼身体来让自己每天都拥有可持续的精力，从而让自己每天都能集中精力做最重要的事——写作。所以最终凭借一部又一部好作品，成就了自己。

日本文艺圈还有一个非凡人士，通过每天精力饱满地做重要的事，不断积蓄自己的实力，待水到渠成时，他便成为被世人所熟知的著名人物。这个人叫岩井俊二。

提到岩井俊二，你会联想到什么？笔者会在脑海里闪现一幅幅电影中出现的画面：那个对着雪山大喊"你好吗？"的女孩；那个倚在窗口看书的"日本最后一个美少年"柏原崇，风吹过来，吹起白纱窗帘；那个笑起来明媚调皮的爱丽丝；那个独自在绿色的稻田里听歌的少年……这些画面都在岩井俊二的电影里出现过，《情书》《花与爱丽丝》《关于莉莉周的一切》《燕尾蝶》……这些电影是很多人青春回忆中不可抹去的一部分。

除了电影很有成就，岩井俊二还是一位优秀的音乐人，很多电影的配乐都是他创作的。除了音乐，岩井俊二的画也很有名，他大学的专业是美术，专修油画，因此岩井俊二甚至一度想成为漫画家。大学期间，他甚至可以靠画漫画赚取拍电影的经费。电影《情书》《花与爱丽丝》都有他创作的同名漫画书。

此外，岩井俊二也是一位作家，已经出版了《情书》《燕尾蝶》《华莱士的人鱼》《关于莉莉周的一切》《吸血鬼》等多部小说和散文随笔。日本女作家北川悦吏子在看完《情书》这部小说后，专门致信岩井俊二，称赞他说："你的小说没有输给你的电影！"

岩井俊二 32 岁那年才拍摄电影处女作《情书》。当然，这部电影一炮而红，令他迅速成为享誉世界的电影导演。那么，32 岁之前，岩井俊二在做什么呢？他一直在不断地积累着能实现自己梦想的实力，一刻不停地储备着让自己在未来能"一举成名天下知"的破茧成蝶的力量。

随着一部部电影的成功，岩井俊二最为世人熟知的身份自然是电影导演。他在作家、画家（漫画之外，如油画）、音乐家（电影配乐）等角色上也很出色。为什么他能在好几个领域都取得出色的成绩呢？用岩井俊二自己说的话就是："我 365 天都在工作，我是一个没有休息的人。"他每天都要工作很久，有些时候甚至连续工作好几天，实在太困了就在沙发上睡一会儿。正因为这样程度的努力，才成就了如此不凡的他。

那些成就非凡的人士，每天都神采奕奕。正因为让自己每天都精力饱满地做重要的事，不断提升实力，所以他们才能在实力累积到一定程度时，做出了令世人瞩目的成就，一举成名天下知。

02
没有充沛的精力做支撑，很难赢得竞争

没有充沛精力做支撑，创业是很难成功的。因为在创业过程中，我们会遇到各种各样的问题，要处理这样那样的难题，要面对诸多同行对手的竞争……这些都会给创业者带来巨大的压力，如果精力不充沛，体力不够好，我们很容易败下阵来。因此我们要想在竞争中胜出，便需要精力来想出方法，建立你的竞争优势。

听马云说，在创业阶段甚至在前几年，他每天都只能睡五六个小时甚至四五个小时。有时候公司遇到重大危机，他甚至会连续几十个小时睡不了一个安稳觉。幸好，马云睡眠时间虽短，但他的精力还是很充沛的，因此能够支撑他去处理企业发展过程中遇到的难题。所以，阿里巴巴在他的带领下，闯过了一道又一道难关，成为一家非常成功的互联网企业。

现任美国总统特朗普，一个70多岁的老人，每天还很拼命地工作。他从创业开始到担任美国总统期间，每天都保持着只睡5个小时左右的习惯。

虽然每天只睡 5 个小时，但他一直以来，每天都在用饱满的精力，帮助自己做事，处理各种难题。怪不得他经商会取得巨大的成功，从政又在竞选中胜出，赢得了美国总统之位。

众所周知，台湾鸿海集团老板是郭台铭。有一天，郭台铭到自己的工厂里去视察，有员工问他："为什么干苦劳的是我，首富却是你？"

郭台铭简明扼要地回答他："你我差别有三。第一，30 年前我创建鸿海时赌上了全部家当，不成功便成仁。你仅寄出了几十份履历就来上班了，而且随时可以走人，差别在'创业与就业'；第二，我选择从连接器切入市场，跟苹果合作亦是因眼光判断正确，你在哪个部门上班，是因学历和考试被分配的，差别在'选择与被选择'；第三，我 24 小时都在思考如何创造利润，每一个决策都可能影响到数万个家庭的生计与数十万股民的权益。你只要想什么时候下班并照顾好你的家庭，差别在'责任的轻重'。"

这三个差别，尤其是第三个差别，能让人看到谁为鸿海付出得更多，谁的压力会更大，谁的责任会更重。事实上，为了经营好鸿海，郭台铭每天要付出的不仅是 24 小时都在思考如何创造利润，还要身体力行地去做各种各样的工作。每天，郭台铭都至少要工作 15 个小时。如果郭台铭没有健康的体魄、充沛的精力、坚强的意志以及杰出的能力，根本不可能几十年如一日地坚持下来。

郭台铭认为，再好的题目也有失败者，再不好的题目也有成功者，关键是精神。一个人创业要成功，关键在于拥有"创业家精神"。什么是创业家精神呢？就是始终把事业排在第一位的精神。具体来说就是，无论遇到什么困难，都一定要把创业放在第一位，你的所有决策都要以创业为重要考量。要做一个创业家，就必须要牺牲自己的时间。一年 365 天，一天 24 小时，都要用创业家精神来指导我们发展事业。

有了创业家精神，就能在创业过程中每天精力充沛地做事。郭台铭回忆自己创业时说道，刚创业时，我白天跟白班干，晚上跟夜班干，夜班散场还要连轴转，实在撑不住，才把电话簿当枕头，睡不了多久，大清早就又起来接着干。现在好像有句话说，钱多事少离家近，睡觉睡到自然醒。如果我的孩子面对工作时存有这种心态，我隔天就打断他的腿。

从创业第一天开始，就一直坚持创业家精神的郭台铭，每天都能精力充沛地工作 15 个小时以上，所以，在和每个竞争对手的竞争中，他都能胜出，并登上了"全球代工之王"的宝座。

没有充沛的精力作为支撑，你很难赢得竞争的胜利。我上大学时，在暑期时期曾到一家规模不大的公司做兼职，做销售跑业务。通过一番了解后，发现这家公司的老板当时估计有几百万的资产。刚进这家公司时，我以为这个老板肯定是一个富二代之类的。结果很快知道老板的父母都是普普通通的农民，家里并没有钱，这位老板也只是高中毕业。

在我兼职期间，这个老板经常亲自带我们出去跑业务。他给我最大的印象是，他从来不会累。例如，他带着我们跑了一天的业务，到晚上我和别的同事都累得不行，这个老板还找了几个人一起打牌，打到深夜一两点才睡。第二天早上六点多，老板就已经醒了。我跟着这个老板跑了一个暑假，发现他天天都这样。

有一次，我很好奇地问他："老板你难道不困不累吗？"老板说："每天早上五点多肯定会醒，然后就睡不着了，而且每天在外面跑一天下来，也不觉得累，也不觉得困。"对于老板如此充沛的精力，我佩服得五体投地！三年后，我偶遇了一位曾在该公司上班的同事，对方告诉我，这家公司的老板如今资产已经五千万以上了。我点了点头说，我早就猜到他会有今天的成绩。

很巧合的是，后来我接触的大老板，几乎都是每天精力充沛的人。他们的共同点都是，忙碌了一整天，甚至忙到凌晨才睡，结果第二天早上五六点就起床了，仍然神采奕奕，看起来没有任何困乏疲累的迹象。

这些老板的这一个共同点给了我一个启示，任何想创业成功的人，如果没有充沛的精力，很难成功。如果你每天睡得不多，工作了一整天，但精力依然非常充沛，那么恭喜你，你很适合当大老板。因为，你有了充沛精力作为支撑，长远来看，你的同行很可能都竞争不过你。

03

精力好的人，更容易梦想成真

身体是革命的本钱，充沛的精力是成功的基础。要做成一件事情，是需要一定的精力值的。精力以体力为基础，但又不完全是体力，因为这种力量也是精神上的一种力量。精力代表身体的运动力和大脑神经的运动力。身体好，但大脑没有足够的精力来处理事务同样是精力不足，懒就是精力不足的一种表现。

人要砍倒一棵树，需要消耗一定的体力；人要办成一件事，需要消耗一定的精力。成功的人有足够的精力去面对众多的人和事。而精力不足的人在面对过多的事务时就会感到烦心、倦怠、不想伤神。要把众多而繁杂的事务处理好，必须要有足够的精力。要想达成目标，实现理想，更需要有足够的精力。

每个人在人生旅途上都会遇到几次让命运彻底改变的机会，只要抓住其中的一两次，就足以改变自己的命运，让自己梦想成真。但是，如果当机会到来时，你准备得不足，那就会与机会失之交臂。又或者机会来了，你其他方面准备得很足，但偏偏精力太差，没有足够的精力去快速落实一些重要的事情，所以机会会最终与你擦肩而过，甚为可惜。而有些人则因为精力好而且各方面都准备得比较充分，所以机会一来，他们就牢牢地抓住了，进而让自己功成名就，梦想成真。

"周杰伦"这三个字，不知道对你来说意味着什么？是一个时代、几首好歌、还是整个青春？似乎没有一个准确的答案。如果非要用一个词来形容的话，应该是"陪伴"吧！他的歌无论是哪一首都安放着我们的梦，酸甜苦辣、五味尽尝。不过，我们在这里提及周杰伦，主要想谈的不是他的音乐，而是用他的故事来说明一个道理：精力好的人更容易梦想成真。改变周杰伦命运的这个故事，相信熟悉周杰伦的人都知道，那就是吴宗宪让周杰伦10天创作50首歌曲，然后从中挑选10首来给周杰伦出一张唱片的故事。

在单亲家庭长大的周杰伦从小就在音乐方面很有天赋。所以独自抚养他长大的母亲，花光了所有的积蓄为他买了一架钢琴。与生俱来的音乐天赋让小周杰伦钢琴学得很快，后来还拿了不少奖。后来，他还学会了作曲与填词。

1997年9月，周杰伦参加了一档名为《超猛新人王》的娱乐节目。表演当天，周杰伦的演出搞砸了。幸运的是，刚好站在评审旁边的吴宗宪顺手拿过歌谱看了看，发现周杰伦的歌曲写得非常与众不同。为了更深入了解周杰伦，吴宗宪便邀请周杰伦到他的音乐公司写歌。刚进音乐公司时，周杰伦的职务是音乐制作助理，什么杂事都得做。他很勤快地干了一段时间，吴宗宪发现他做事很踏实，很能吃苦，但总是打杂，哪有时间写歌呢？于是他给周杰伦配备了一间办公室，并起名为阿尔法音乐工作室，让他专心创作歌曲。从此，这个狭小的地方成了周杰伦放飞梦想的平台。

只不过，刚开始的半年，周杰伦写出来的歌很多，但曲风奇怪，没有一个歌手愿意接受。吴宗宪告诉他，外面的歌手都说他写的歌曲很差，不愿意唱。但周杰伦没有因此而消沉，第二天、第三天、第四天……每一天都会有新歌放到吴宗宪的办公桌上。吴宗宪彻底被这个沉默木讷的年轻人打动了。1999 年 12 月的一天，他对周杰伦说，如果你可以在 10 天之内拿出 50 首新歌，我就从里面挑出 10 首，由你自己来唱，然后做成一张专辑发行。

接下来的 10 天时间里，周杰伦都待在音乐室里创作新歌。每创作出一首新歌，他就会开心得不得了。每当疲惫的时候，他就在沙发上打个盹儿，醒来后继续创作下一首歌曲。10 天之后，周杰伦拿出 50 首歌，交给了吴宗宪。吴宗宪从里面精心挑选了 10 首，然后让周杰伦亲自演唱，然后收录成一张专辑。这张专辑名叫《JAY》，一经面世，便大受欢迎，被歌迷们抢购一空，于是周杰伦一炮而红！《JAY》还一举夺得第 12 届台湾金曲奖最佳流行音乐演唱专辑奖。

从此，周杰伦开始走红。他 2001 年发行的第二张专辑《范特西》再次风靡整个华语歌坛。仿佛一夜之间，华语流行歌坛都被周杰伦一人统治了。如今，他已经出道十几年，依然当红，几乎每年都发行一张专辑。

回首当年令他命运彻底改变的 10 天，我们能获得很多启示。例如，他让我们明白了：机会是留给有准备的人的；又如，他告诉了我们精力充沛、身体健康的重要性，要不然连续 10 天进行超负荷的工作，换任何一个精力差、身体素质一般的人，可能都坚持不了 10 天。这也令我们明白了另一个道理：精力好的人更容易梦想成真。

这是一个最好的时代，也是一个最坏的时代。当你精力充沛、做事的速度足够快、执行力足够强时，你会深信：这的确是一个最好的时代。因为每个人都能通过各自的长处、技能、兴趣，找到一个足以使自己安身立命的去处。当你精力太差、做事的速度太慢，执行力太弱时，你会抱怨：这个时代简直坏得不像话，差得让我看不到希望。为什么钱都被别人赚了，红利期的好处为什么都被先行者瓜分完毕了，风口上那只飞翔的猪为什么总是别人啊？

如果你要让这个时代成为你最好的时代，就一定要让自己精力十足地去做好每一件事情。这样，你就一定能达成目标，实现理想。

在好莱坞电影《社交网络》里，导演大卫·芬奇以其一贯的风格色调讲述了 Facebook（脸谱）创始人扎克伯格的曲折创业史以及官司纠纷。很多人看了这部电影后，最大的教益就是，执行速度是成就事业的关键，而精力充沛则为执行速度提供了最有力的支撑。精力好的人比精力差的人，更容易梦想成真。因为精力好的人，执行的速度、力度与持久度都会很出色，所以更容易把要做的事情更快做到，把竞争对手远远甩在后面。

我们来看看电影里是怎样描述扎克伯格的强大执行力的。扎克伯格被女友甩掉之后，当晚便心血来潮，开始编写新网站的代码。他晚上 8：13 回到宿舍，10：17 开始动手做一个叫"Facemash"的网站。第二天凌晨 2：08，他的同学萨瓦林回来了，提供给了他一些算法公式。就这样，Facemash 开始上线试运营后，在哈佛大学校园里的传播速度惊人，到凌晨 4 点，因为网站的流量异常火爆，弄垮了哈佛的校园网，惊动了校方的管理人员。

扎克伯格只花了 6 个小时，便完成了产品的设计、开发、上线等。这种执行力是多么的快速和强大啊！而支持他完成这一切的，无疑是充沛的精力和良好的体力。而有些人，在被女友甩掉后，很可能会大哭一场，然后睡一觉；又或者去喝酒麻醉自己。但扎克伯格并没有这样做，而是趁着精力充沛的兴趣劲儿，马上执行自己的想法。

更重要的是，他迅速把所有的精力都投入到了不断完善与推广Facebook上，让网站一边不断完善技术和增加必要的功能，一边不断以疯狂的速度蔓延到全美，甚至是世界的各个角落。在整个完善技术、增加功能、不断推广过程中，在充沛精力的支撑下，扎克伯格得以用非同一般的执行力，创造了互联网的奇迹。

如果你的精力每天都非常充沛，如果你的执行速度极快，如果你把精力与执行都用到了必须要做的重要事务上，你一定会在当今这个社会里创造出属于你的事业，书写出属于你的传奇。

04
你必须精力饱满，才经得起世事刁难

　　曾在知乎上看到过这样一个提问："美剧《纸牌屋》里的大人物们经常晚睡早起，精力却依然旺盛，这真实吗？"获得点赞最多的是这个回答："应该说，没那种精力的人熬不到那个位置。"是啊，无论是在工作还是生活中，精力好非常重要。你必须精力饱满，才经得起世事刁难。

　　白洁前些天被提拔为了部门主管。任命书公布后，白洁在人事部工作的好朋友告诉她，在选拔例会上，公司的几位高层领导讨论她的升职事宜时，董事长赞成提拔她的首要原因是觉得白洁精力很好。他说，每次在公司里看到白洁的时候，都发现她精力饱满，走路脚步有劲儿，说话中气十足，办事特别利索，还经常看到她加班，加班时也是充满了干劲。总经理也赞成董事长的看法，他还补充了一句话说，精力好就是硬素质，精力是一种高档次的能力；无论是生活还是工作，归根到底拼的都是精力。

　　安蓉年纪轻轻就已经是某家中日合资公司品管部部长了。她在工作上非常拼，她的敬业精神和专业素养让很多合作商大加赞赏。遗憾的是，她前几年生了一场病，病好了以后精力居然变得大不如前。现在，她上班已经没办法保证每个月全勤了，有时候评审机构或者大客户来访，她还要一边吃药支撑着自己，一边接待来宾。公司总经理经常为她感到遗憾，因为如果她注意保重身体，让自己一直都精力充沛，前途可谓无可限量。但如今，身体越来越差的她，能把现在这个部长职位做好就已经很令公司满意了。精力好，未来才会好；精力不好，前途会很糟糕。

夏天非常酷热，李红要出门办事，但由于没有人帮忙看儿子，所以她只好带着自己 4 岁的儿子一起出去。一路上，儿子不停地哭闹，她只好想办法把他哄好，让他平静下来；儿子乱跑的时候，她要赶紧牵住他的手，避免他跑到危险的地方；儿子调皮捣蛋时，她要给他讲道理；儿子走着走着，太累了，没有力气走了，她又要抱着他一起走。半天下来，儿子把她折腾得疲惫不堪。她感慨道，幸好自己精力足体力够，要不然真的会带个孩子都能让自己进医院。

如果一个人精力匮乏，就很容易做事萎靡不振、丢三落四爱拖延、负面情绪爆表、没有努力目标，活得很迷茫、无聊，对未来毫无希望……但是，人生就像是一场马拉松，你必须拥有持续、饱满的精力，才能在奔跑的过程中经得住世事刁难与摧残，才能让自己在生活与工作中闪闪发光。

我们以工作为例。如果你身处职场，你很容易能发现这样一个现象，大多数职场成功人士，每天精力都非常充沛。他们在众人面前总是一副精力饱满的样子，在给客户讲解的时候思路非常清晰，在给下属们分配工作时井井有条，在工作过程中总能做到有条不紊。更让大家感叹不已的是，他们仿佛不需要休息似的：当你在上班的时候，他们在上班；当你下班了，他们还在上班！正是因为每天都如此精力饱满，所以他们总能从容面对各种问题和困难，经得起世事的摧残。

笔者周围也有不少这样的人，他们经常工作到凌晨，但早上六七点钟就能起床，然后精神饱满地来到公司，中午还可以不用午休！通过对他们进行一段时间的观察、总结，笔者终于发现了他们每天都能如此精力充沛的 6 个原因。

（1）他们都有锻炼的习惯。

每天都会锻炼身体，才能让自己拥有一个健康的体魄。健康的体魄，保证了我们每天都能精力饱满。每一个精力充沛的职场成功人士，都至少喜欢或者擅长一项运动，并能将这项运动坚持下去，让身体维持在一个良好的状态。

（2）他们有很好的作息规律。

精力饱满的职场成功人士往往能规划好自己每天的作息时间，以及锻炼身体的时间。在规划好之后，他们能每天都坚持落实。所以，他们每天都能用精力饱满的状态去做对他们来说重要的事。

（3）他们有喝水的好习惯。

处于缺水状态的人，会时常感觉疲惫，精力不足。想要每天都精力饱满，需要时不时地给身体补充水分。职场成功人士都懂得这一点，并且都习惯于时不时给自己身体补水。通常，早晨起床后，要喝一杯温开水，既能做胃肠清洁，又可以给五脏六腑添加一些"润滑剂"。每天要及时补充水分，不过，也不是多多益善。

（4）他们都很会休息。

每天都让自己精力饱满的人，往往都是懂得怎样休息的人。他们由于工作繁忙，所以已经学会了怎样见缝插针地让自己休息。因为他们懂得，休息不在于时间的长短，而在于质量的高低。例如，在完成一项工作后如果感觉有些疲乏了，就在办公桌上趴一下，或者打一个盹儿；又或者在外出的车上闭目养神一会儿；又或者在开会的间隙，抓紧时间休息一下。

（5）他们总在做重要的事。

职场成功人士总能保持精力饱满，是因为他们总能把精力和时间花在重要的事情上。所谓重要的事情，就是优先把精力和时间投入进去的事情，是生活、工作中的重心。他们知道自己的精力是有限的，所以能做到绝不把精力用在没必要的事上。因此，他们总能神采奕奕。

（6）他们经常憧憬未来。

精力充沛的职场成功人士，往往都处在事业上升期，所以非常懂得如何去规划未来。更重要的是，他们很喜欢憧憬未来，因为每当这个时候，他们就会"看见"自己最想实现的梦想正在远方向他们"招手"，从而产生巨大的动力，让自己浑身充满精神和力量，向着梦想奋进。

05
精力是最高级的能力，世界属于精力好的人

　　埃隆·马斯克也许是已故的苹果公司创始人史蒂夫·乔布斯之后最神奇的创业者。这位被称为"神一般的存在"的企业家，同时管理着四家公司，其中包括不同领域的两家现象级公司：SpaceX（美国太空探索技术公司）和 Tesla（特斯拉汽车公司）。要让四家公司都经营成功而且其中两家还经营得备受世人瞩目，收获无数美誉，马斯克肯定在其中付出了常人难以想象的努力。事实上，马斯克经常超负荷工作。而从精力管理的角度看，如果马斯克没有超越常人的充沛精力，根本扛不住如此高强度的工作。

　　不仅是远在美国的那些知名企业家是这样，我们周围那些成功的老板，其实也一样，每天都能精力充沛地工作，而且比大多数普通人工作的时间要长。英子的老板就是这样一个成功的老板。英子说，她们的老板经常会在凌晨两三点钟给员工们回复电子邮件，然后到了上班时，老板又是最早出现在办公室里的。老员工们对此已经习以为常，但新员工们刚开始时还是会既惊

奇又佩服的。

但无论老员工还是新员工，最佩服老板的一点是，大家每次见老板时，老板都一副精神饱满的样子，每次开会时都会向与会人员问一些问题。老板中午也从来不睡觉，甚至连咖啡、茶之类的提神饮品都不喝。

英子说，自己每天中午必须要睡一觉，即使睡半个小时甚至睡 10 分钟，也必须要睡一觉，不然下午可能会困到误删数据库。有一次凌晨两三点才睡，结果第二天参加例会时，居然睡着了。英子想，如果让自己当老板，恐怕一天都当不了，因为仅仅是精力上就胜任不了。老板每天晚睡早起、中午不睡觉，居然一整天还神采奕奕的，英子觉得不但自己做不到，大多数同事恐怕也做不到。英子不禁感叹，世界真的是属于精力好的人！

最近流行一句话，叫"精力好的人与精力差的人，过着不一样的人生"。确实如此，世界是属于那些精力好的人的，他们主导了这个世界，取得了事业上的成功。精力差的人，很容易在工作和生活中把自己搞得一团糟。

容易疲劳、精力差的人总是出现类似于这样的现象：原本计划好的事情，因为感觉身体疲劳，精力不足，所以不想去做了；原本打算第二天出门郊游的，结果第二天早晨醒来时感觉身体特别累，虽然强迫自己出门去了目的地，然而在爬山时很快就气喘吁吁，体力有点不支了；原本想好的文章构思，第二天却灵感全无，面对电脑还没有一个小时就感觉疲劳不已，眼睛生涩；晚上虽然睡了很长时间，但第二天在工作或开会时依然哈欠连天；由于精力差，所以在开车时总是无法集中精力，听课时总爱开小差，或者一看书时就头晕；做事情的时候心有余而力不足，有时总出错；精力差到一定程度的，记忆力也变差了，出门忘带钥匙，见面时想不起对方名字，做事情丢三落四、大脑健忘；精力差的时候，在需要做决定时容易变得犹豫不决、瞻前顾后；精力差的时候，由于身体疲惫，所以下班后回到家便一头栽在床上不想起来……可见，精力差、容易疲劳，对一个人造成的负面影响有多大！

有一类人每天都精力充沛，平时很难感觉到累，即使累了也只需要很少的睡眠就能恢复精力；而另外一类人，晚上睡 10 个小时都觉得自己休息不够，稍微工作一两个小时或者爬 10 分钟楼梯就会感到疲惫不堪。

前一类人，就是那些每天都保持旺盛精力的人，更容易掌握自己的人生，更容易在工作和生活的各方面取得成功。后一类人，也就是那些精力差的人，他们中的不少人也懂得精力是最高级的能力的道理，内心其实也想成功，但有时候就是心有余而精力不足。有时候，他们行动没多久就感觉很疲劳，所以就干不下去了。他们也没有足够的精力让自己连续工作十几个小时，甚至连续好几个月甚至好几年，每天都工作十几个小时。所以，他们很难成功。

06

懂得精力管理，永远不会"过劳死"

　　有人懂得每天都需要储蓄精力，所以每天都精力饱满，并且长寿；有人一味地透支自身的精力，却又不懂得及时补充，所以经常感觉很疲惫。有些人经常觉得身体很累，还让自己疲劳过度，所以不幸遭遇了"过劳死"悲剧！"过劳死"一词源自 20 世纪七八十年代日本经济繁荣时期，顾名思义，就是过度劳累工作结果导致了死亡的不幸发生。

　　如今有一个现象非常令人担忧，那就是越来越多人不为过劳死的新闻感到震惊、愤怒了！仿佛这已经不能称之为新闻了。但无论如何，我们都应该珍惜自己的生命，远离过劳。要知道，如果没有了生命，拥有再多又有什么意义呢？

　　过劳死现象已经开始在我国各大城市的职场里时不时地发生。近年来，备受媒体关注的因过劳而不幸去世的人物，我们很容易就能列出几位。如华为员工胡新宇、普华永道员工潘洁、清华讲师焦连伟、戴尔员工郑杰、广州工厂女工人何春梅、21 世纪不动产公司业务经理周余、南宁宾阳县民警吴富让、女模特艾薇薇……这些都是媒体很关注的名字，没有被媒体关注到的只会更多。

简单来说，"过劳死"就是超过劳动强度而导致死亡，具体是指在非生理的劳动过程中，由于正常工作规律和生活规律遭到破坏，体内疲劳蓄积并向过劳状态转移，导致血压升高、动脉硬化加剧，进而出现致命的状态。

在 30 岁至 50 岁英年早逝的人群里，大约 95.7% 的人死于因过度疲劳引起的致命疾病。高强度地付出体力与精力，严重破坏了上班族们的生理规律与节奏，使体内能量、精力出现严重透支。疲劳像蛀虫一样淤积在体内，慢慢侵蚀着身体这座大厦，突然有一天，这座身体大厦轰然倒塌。

总结那些因过度劳累不幸去世的人的死因，我们发现，造成"过劳死"的主要原因是，经常进行超负荷劳动、无休止地工作、长期加班熬夜，以及由于过重的压力产生的情绪方面的过重负担等。由此出现的睡眠失常，休息、闲暇时间减少，过量饮酒、吸烟，饮食习惯变化，家庭生活不稳定等因素也会导致积劳成疾。

在职场奋斗的我们，如今越来越容易疲劳了。然而，有很多人还是不把疲劳当一回事，他们认为，在工作上累一些才是正常的，是理所当然的一件事。很多人意识不到这样一个结果：如果让自己的身体长期陷入疲劳之中，将会给身体带来巨大的危害。

医学研究早已发现，疲劳过度是万病之源。疲劳过度会导致细胞坏损甚至死亡，而细胞是人体各个器官的基本单位，所以疲劳很容易导致器官机能、功能衰退，或者直接对器官损坏造成器质性疾病，如腰膝疼痛、骨质增生等。而器官损坏也会产生变异性疾病，如发炎、肿痛等。同时，人体过度疲劳所产生的废物如自由基、有毒分泌物等，都会引发非器质性疾病，如皮肤病、囊肿、冠心病、肿瘤、癌症等。

当然，很多人可能是由于公司要求自己加班加点，结果导致自己长期疲劳工作；也有很多人是身处竞争之中，即使身体再疲劳也不得不工作，要不然就会被淘汰。这些都可以理解。但是，当我们在不得不进行疲劳工作时，一定要注意身体里发出的预警信号，如果身体开始出问题了，就要及早预防和治疗，千万不要等到积重难返时才想起来要医治，更不要让自己在工作中猝死。

要让自己远离"过劳死"的悲剧，就一定要学会精力管理。我们先看看哪些人群比较容易受到"过劳死"威胁。日本"过劳死"预防协会调查研究发现，这10类人群存在着发生过劳死的隐患：（1）事业心特别强、被公认是工作狂的人；（2）经常工作很长时间的人；（3）长时间睡眠严重不足的人；（4）经常要上夜班，作息时间不规律的人；（5）只知道消耗精力却不懂得储蓄精力的人；（6）对自我期望过高却又容易紧张的人；（7）几乎没有休闲活动、一心只扑在工作上的人；（8）一直处于严重亚健康状态却还以为自己身体很健康的人；（9）长期吃垃圾食品的人；（10）有过劳死亡家族遗传却不懂得预防与保养的人。

为了更好地预防"过劳死"，日本"过劳死"预防协会列出了存在"过劳死"隐患的人常见的10种特征。该协会认为，在这10项特征中，身体已经有了1至2项，说明已经处于"黄灯警示期"；有3至5项，说明身体已经处于"红灯预警期"，已经具备了"过劳死"的征兆；如果有6项及6项以上者，说明身体已经进入"红灯危险期"，随时可能会"过劳死"！这10项特征详列如下：

（1）年纪轻轻就大腹便便，过度肥胖；

（2）二三十岁就严重脱发；

（3）三四十岁甚至二十多岁就小便频繁；

（4）能够集中精力的时间越来越短；

（5）记忆力减退，很容易忘记熟人的名字，忘记要办的事情；

（6）心算能力越来越差；

（7）睡眠质量严重下降，睡得很不安稳，很容易醒，睡了很长时间身体仍感觉很疲乏；

（8）没生大病，但却时常头疼、耳鸣、目眩、烦躁、郁闷等；

（9）正值壮年却性欲减退、阳痿不举或闭经绝经、腰膝酸软、神疲气怯、畏寒肢冷等；

（10）越来越控制不了自己的情绪，越来越容易悲观、抑郁、烦躁、易怒、后悔。

无论你的身体处于"黄灯警示期""红灯预警期"还是"红灯危险期"，都一定要学会管理好你的身体，让自己尽早从危险中脱离出来。

07

成为休息专家：会休息，就有饱满的精力

列宁说过："会休息的人才会工作。"会休息，才会让自己补充损耗掉的精力，重新蓄满饱满的精力。什么是会休息呢？周末睡一个懒觉，或者好好出去旅游一下，算不算是会休息？约三五好友一起打牌、打麻将、唱 KTV 或者去迪厅跳舞，算不算是会休息？带着孩子去游乐园玩一天，算不算是会休息？组一个饭局，一群朋友一起喝酒、吃大餐算不算会休息？

其实，上述这些行为，都是在休息，然而，不一定都算得上是"会休息"。休息，是相对于工作、劳动之类的行为来说的。不用工作、不用进行体力或者脑力劳动等，然后休闲地、自由地安排自己的时间，都可以是休息。"会休息"是指休息完了之后，身体之前消耗的精力获得了补充、恢复。如果休息完了之后，精力不但得不到补充，还损耗得更多了，这样就不叫"会休息"。

例如，你周六睡了 11 个小时直到周日中午才起床，然而，身体依然感

觉非常疲惫，那说明这种休息不叫"会休息"，因为睡眠时间确实够长，但睡眠质量不高。又如，你去呼朋引友，尽兴地玩了一两天，结果到上班的时候，身体更累了，因为你在玩的时候，也在损耗自己的精力。这样的做法，也是不"会休息"。

当我们精力消耗得比较严重时，一定要懂得让自己消除疲劳，恢复精力，让精力饱满回来。

想让自己总是保持一种精力饱满的状态，就一定要学会休息。要让自己"会休息"，最好是让自己成为一名休息专家，掌握一系列迅速补充、恢复精力的科学方法。下面是一些非常有效的通过休息来恢复精力的方法。

（1）脑力劳动者可以做让神经放松的事来恢复精力。

如果你是一名脑力劳动者，当你策划、撰写了一天的营销文案，或者编写了一天的软件程序，又或者准备了一天的会议材料，你很可能会发现，自己的身体非常疲惫。这个时候，绝大多数人最想做的是，赶紧回家洗个澡，睡个好觉。当我们很累的时候，第一反应是"去床上躺一会儿"。睡眠确实是一种有效的休息方式，尤其对睡眠不足或劳累了一天的体力劳动者非常适用。

如果你是脑力劳动者，此时你的大脑皮层还处于极度兴奋的状态，但身体却处于低兴奋状态，对待这种疲劳，睡眠能起到的作用不大。针对这种情况的疲劳，非常合适的一种恢复体能的方法，是去找一件能让神经放松下来的事来做，例如游泳。在周末休息的时候，你没有工作也没有出去玩，但周一的时候依旧无精打采；然而，你平时下班后，只游泳了半小时，第二天就能神采奕奕的了。

（2）学会不同的事情换着做，也是一种会休息。

睡觉能让我们的肉体得到休息，但帮助不了我们大脑休息。这时候怎办呢？有一个方法非常有效，就是当你做某件事情做得很累了，换另一件事情去做，你就会恢复精力了。为什么会这样呢？原因是，大脑皮层里的一百多亿个神经细胞，功能都不一样，它们以不同的方式形成了各不相同的联合功能区，当这一区域活动时，另一区域就休息。所以，改换活动内容，就能使大脑的不同区域得到休息。

有一位当下非常有名的青年作家，熟悉他的朋友都感觉他每天有用不完的精力：写书、讲课、看书、赚钱、参加各种节目。他身边的朋友发现，他会把自己每天的时间分割成很多个小部分，以至于每部分的时间都不被浪费。一年之内，他的事业便获得了突飞猛进的发展，出版了畅销书，讲了一系列课程，知名度越来越高，影响力越来越大。经常会有朋友问他："你怎么可以同时做这么多事情啊？你不需要休息吗？你是铁人吗？"每次，他的回答都很简单："做不同的事情，就是休息啊！"

心理及生理学家谢切诺夫做过一个实验，为消除右手的疲劳，他采取了两种方式：一种是让两只手静止休息，另一种是在右手静止的同时又让左手适当活动，然后在疲劳测量器上对右手的握力进行测试。结果表明，在左手活动时，右手的疲劳消除得更快。这证明了变换人的活动内容确实是一种积极的休息方式。

（3）疲劳之时先休息，能迅速高效地恢复精力。

二战期间，英国首相丘吉尔已 60 多岁，却能每天工作 16 个小时。为什么他能如此精力充沛？我们从他的作息时间表上看出了秘诀：每天早晨起床后，他会在床上工作到 11 点，工作内容一般是看报告、打电话、口授命令，甚至是在床上召开会议。午饭之后，他要睡 1 个小时。8 点的晚餐前，他还要睡 2 个小时。可见，他之所以能经常精力饱满地长时间工作，而不受疲劳的困扰，秘诀是，他在没有感到疲劳之前就已经休息了。

著名管理专家弗雷德里克·泰勒在担任贝德汉钢铁公司工程师时曾做过一个实验。当时，该公司的普通工人每天可以往货车上装大约12.5吨的生铁，往往到中午时就已经筋疲力尽。为了提高效率、减少疲劳，泰勒决定做一个实验。首先，他从搬运工里挑选出了一位名叫施密特的工人，让他工作与休息交替进行，例如，搬一次生铁，就休息5分钟，然后再搬一次生铁，又休息5分钟……如此循环往复，结果在每个小时里，施密特所有工作的时候加起来是25分钟，而休息的时间加起来却有35分钟！

这个实验每天上班时都在进行，一直持续了整整3年。最终结果显示，尽管施密特休息的时间要比工作的时间多，但每天却能搬运47吨生铁，几乎是其他工人搬运量的4倍。泰勒总结道，施密特能如此高效地工作，是因为他每次都在疲劳之前就已经休息了。

美国陆军通过多次实验发现，军人在行军过程中，若能每行进一个小时就休息十几分钟，那么精力恢复的速度会明显加快，且精力保持得更加持久；甚至即使只是打短短5分钟的瞌睡，也会非常有利于防止过度疲劳的产生。

总之，当你疲劳时，一定要学会休息，让自己的精力获得迅速补充、恢复，让自己尽快回到精力饱满的状态。这样，你无论做什么事情，都一定能非常高效，比其他人都做得好很多，而且一直都能做出最出色的表现。

第 二 章

精力管理得越好，
人生层次越高

01

你的精力管理能力，决定你的人生层次

你的精力管理能力，决定你的人生层次：精力管理得越好，人生层次越高。那么，怎样才能合理、高效、科学地管理你的精力呢？

做好七个方面，就能让你每天都精力饱满，身体条件总是处于良好状态。这七个方面分别是：学会借力；在重要的事情上花精力；用对梦想的渴求让自己拥有饱满的精力；做擅长与热爱的事；每天睡一个好觉；吃出充沛的精力；用运动获得精力与健康。

富人无论个人能力有多强，知识有多渊博，技术有多顶级，精力有多充沛，身边都一定会有一个团队，来为这个富人服务。因为富人知道自己的精力再充沛也是有限的，所以富人需要一个团队来为自己处理一些事务。说白了，就是借助他人的精力、时间、才华智慧、技能等，来解决自己的各种问题，富人只做对自己来说很重要的事即可。

美国"股神"沃伦·巴菲特在创业初期时，公司规模一直不大。公司成

员最少的时候甚至还不到 20 人。然而，这个不足 20 人的团队，却为巴菲特带来巨大的财富收益。因为这些人不但可以帮助巴菲特分析更多更重要的信息，让他从中寻找到获利的机会，更为他带来了广泛的资源与机会。

例如，巴菲特重要的合作伙伴同时也是他生活中的挚友查理·芒格，就为他公司的茁壮成长做出过巨大的贡献。查理·芒格既谨慎多疑，有时候又很冒险，这些都是巴菲特所不具备的。正是查理·芒格的谨慎多疑，帮助巴菲特在生意当中少遭受了许多损失；而收购加州最大的糖果公司"喜诗"糖果则充分体现了查理·芒格的冒险精力。最终，这笔收购让巴菲特赚了很多钱。

一个成熟的团队可以令资源更加优化，成本获得节约，效益不断提高，让团队拥有者以及团队的成员都减少精力与时间的消耗。巴菲特不但在股票与数字方面有着超越常人的天赋，在组建和打造一个成熟的团队上也颇有心得。他年轻时就已经是一个非常擅长组建团队的人。另外，他从小就对经商很感兴趣，从那时候起就已经开始经营自己的各种事业，一美分一美分地积累着自己的财富，等到他上大学时，他手中已有了几百美元。

这个时候，巴菲特认识了一个很擅长修理机器的朋友。这个人在经商方面一窍不通，但巴菲特却在这个人的帮助下赚到了自己人生的"第一桶金"。在那段时间，巴菲特负责收购破旧的游戏机和报废的汽车回来，他的这位朋友则负责用自己的良好修理技术，将它们修好。很快，善于经营的巴菲特利用自己原来手里存着的几百美元作为成本，赚回来了将近一万美元。这笔钱，在巴菲特青少年时期的美国，从购买力上看可以称得上是"第一桶金"了。巴菲特善于与他人"组团"一起赚钱的案例，在他年轻的时候还有很多。

　　富人为什么总会拥有自己的团队？因为富人都是精力管理方面的大师，非常善于管理自己和他人的精力，所以富人生活在人生的最高层次。一支面面俱到、执行力强大的团队，能帮助富人迅速实现很多目标。没有任何人是十全十美、全知全能的。有句老话说得好："人多力量大。"一个人做不到、想不到的事情，往往两三个人甚至更多的人一起做就可以做到。只要人数够多，科学分配，即使像长城、金字塔、秦始皇陵这样的人类奇迹都能建成，试想，还有什么是人类聚集起来做不到的呢？

　　这就是团队的威力。有的事情，仅凭借一人之力，可能一辈子也难以做到；但若依靠团队，却能轻轻松松达成。这也启示了我们，你的精力、时间、能力和其他资源都是有限的，一定要学会管理你的精力、时间等资源，借用他人的精力、时间等资源，这样无论多难的关你都能通过，多难办成的事你都能办成，多远大的目标你都能实现。

　　组建团队还有一个好处，就是有利于风险的分担。2017年收获了56.8亿票房的电影《战狼2》，共有21家公司参与了投资制作。为什么会有如此多的公司一起投资呢？因为电影没上映前，谁也不知道这部电影会不会赔钱。如果电影上映后，票房不理想赔钱了，那么赔的钱由越多公司分摊，损失就越少，风险于是就越小。当然，一旦票房大卖后，参与利润分成的公司也会很多。这部电影最后获得了国产电影票房冠军，利润可观，但其实具体到每一家参与投资的公司，能分到的利润不会很惊人。这也符合了一条投资定律：风险越高，投资的回报可能越大，但也有可能会损失越大。不过，现在越来越多公司首先考虑的就是规避风险。所以，不用亏钱还能赚钱已是很好的结果。

总之，所有精力管理的高手都懂得组建团队的重要性。当你学会借力，懂得让别人来帮助你做事后，即使你花再少的精力甚至不花精力，也能让你心想事成。所以，想成为精力管理大师，不妨从成为一名借力高手开始。

02
你的精力有限，能巧干就别苦干

　　无论是生活中还是职场里，每天埋头苦干的人比比皆是，但仅靠埋头苦干就成就了一番事业的人却少之又少。只靠埋头苦干，往往投入的精力和时间很多，收获的回报却很少，甚至有时候还会劳而无功，成为"穷忙族"的一员。

　　你的精力和时间都很有限，无论你是想成就一番事业，还是仅想完成上司交代给你的工作，如果可以不埋头苦干，就尽量别埋头苦干。要学会用巧干替代苦干，要知道，虽然过程很重要，但结果更重要。无论是你自己，还是你的上司，其实最后都更看重结果，至于这个结果是怎么来的，是通过埋头苦干来的，还是发挥聪明才智、技术能力来的，还是借助别人的帮助得到的，就显得不那么重要了。

　　20世纪初期，在美国邮政系统里，邮递员们分发邮件的方式还很落后，导致邮递员们每天都辛辛苦苦地工作，但依然常常出错，有些信件甚至会为此耽误好几个星期才能送到收件人的手上。尽管如此，邮递员们也只能按照这种分发方式分发邮件。不过，有一个邮递员终于忍受不了这种费力费时又出错率极高的分发方式了。他要发明一种新的方法，让自己和全国的邮递员不再既苦干又经常出错。

经过不断的尝试、实践和修改，他终于找到了一种能把分发效率提升无数倍的分发邮件的方法。这种方法是：把寄往同一个地点的信件统一收集起来，然后再集中分发。

为了更方便统计，他还设计出了相应的图表。等一切都成熟之后，他写了详细的计划书，然后拿给领导们看。领导们也一直深受用老方法分发邮件经常容易出错之苦，看到他的计划书后都格外重视。经过详细的研究之后，领导们决定试点落实他的新方法。经过试点实践，他的新方法效果果然很好，不但极大地节省了邮递员们的精力和时间，而且出错率极低，还很有条理。

很快，这种方法被推广到了全国。事实上，尽管现在我们已经进入智能科技时代，但你稍微了解一下那些快递公司的派送模式，就会发现，本质上还是采用这种方法，只不过是在很多环节上，机器代替了人。发明了这套方法的人，是西奥多·韦尔。他后来成了美国铁路邮政总局的局长，再后来，他还成为美国电话电报公司的总经理。

世界上勤奋的人很多，但获得成功的人却寥寥无几，而大多数都是善于开动脑筋想办法、找办法解决问题的人。他们能埋头苦干，但更能开动脑筋想办法巧干。因为他们知道自己的精力和时间都非常有限，想要成功，就必须想出更好的做事方法，让自己在有限的时间里，倍增自己的收益。

在一百多年前的美国，人们看马戏团表演时，总能看到有小孩子在观众座位间走来走去，叫卖东西。这些东西主要是一些吃的喝的，以及香烟、火柴等。每天，卖东西的小孩子们都会很辛苦地走来走去，然而嗓子喊都干了，买东西的人还是很少。所以，不但小孩子的收入很低，马戏团也赚不到几个钱。

对于马戏团来说，让小孩子在观众席间叫卖，虽然赚不到钱，也聊胜于无吧，因为马戏团也不靠这个赚钱。但对于小孩子来说就不一样了，因为这是他们唯一的收入来源。但每天的苦干下来，收入还是微薄得让他们饭都吃不饱。穷则思变，有个名叫哈里的小孩，决定要想办法提升销量，增加自己的收入。

经过好几天的观察、思考，他终于想出了一个他认为特别好的方法，那就是：向每一位买票的观众赠送一包花生。他向马戏团老板提议了自己的方法后，老板觉得哈里的方法荒唐之极，坚决不同意。

哈里却知道自己的想法有利可图，所以他给了老板拒绝不了的理由：赔钱了就从哈里的工资里扣；赚钱了，哈里只拿一半，另一半归马戏团。稳赚不赔的生意谁不喜欢做呢？马戏团老板最终同意了哈里的提议。

在平日里，马戏团表演时观众来得虽然很多，却还没有达到能坐满全场的程度。但在哈里此举一出之后，观众比平时多了好几倍，几乎场场爆满。比起增加的大笔门票收入，花生的成本基本可以忽略不计。

只见观众们纷纷拿着免费赠送的花生进场来看马戏，一边看马戏一边吃花生的感觉很棒。等花生吃完，大家都开始感觉很口渴了，于是哈里叫卖的啤酒和汽水便大卖了起来。门票收入多了好几倍，酒水的收入也大大增加了，马戏团老板很开心，哈里也从中拿到了数额不低的分红。长大后，哈里成了美国广告界赫赫有名的广告、营销奇才。

　　在职场里，有些员工来到公司后，就开始埋头苦干，直到下班，别人休息的时候他们还在工作。按照常理，这类员工的业绩肯定很好吧？但事实上他们的业绩往往并不理想。为什么会这样呢？因为他们不懂得思考，不懂得寻找解决问题的巧妙途径，因此他们会走很多弯路，工作效率比较低下。他们看起来似乎很勤奋地工作，但其实每天进行的都是极其低效的勤奋。

　　而那些在职场工作得非常出色的人，往往不是那些整天只知道埋头苦干的人，他们有时候也会很勤奋地工作，比如要抢在竞争对手之前把东西做出来，但更多的时候，他们会勤于思考，善于寻找方法，看能不能花更少的精力和时间，来得到更好的收益。所以，这样的人在职场里备受重用。

　　惠普前公司助理总裁高建华曾深有感触地说："惠普这样的跨国公司不提倡员工们整天努力拼命地工作，而是提倡员工们聪明地工作，希望员工们能在工作中开动脑筋，想出更好的办法去解决问题、完成工作，从而提高工作的质量与效率。"

　　聪明地工作意味着你要学会动脑，用认真思考代替埋头苦干。如果你一味地忙碌以至于没有时间来思考少花时间和精力的方法，往往会付出很多，得到的很少。因此我们要努力地工作，更要聪明地工作。

　　总之，你的精力有限，能巧干就别苦干，能用高效的方法去完成任务，就尽量不要向大家表现出你低效的勤奋。

03

别拖延！马上落实最节省精力

世界上最浪费时间和精力的事，莫过于在纠结与等待中蹉跎光阴。纠结不会对梦想的实现、事物的推进有任何实质性的帮助；等待，更不可能让人梦想成真。有时候，太多的论证、包袱和准备，往往是一种后果严重的拖延，畏难心理的自我保护，是因害怕冒险而退却的一种"完美反应"。只是，再完美的退却，也远不如一次简单的出击；最节省精力与时间的，反而是拒绝拖延，马上落实。

有人向美国知名企业家卡明斯请教成功之道。卡明斯的回答是："不要犹豫和拖延，把帽子扔过栅栏。"随后他强调，这是他父亲在他小时候经常对他说的话，意思是：当你面前有一道难以翻越的栅栏，在你不由自主地开始后退的时候，你一定要横下心去，马上把帽子扔到栅栏的另一边。这样一来，你就不得不强迫自己想方设法越过栅栏，而且你会立刻做这件事情。

卡明斯在美国加利福尼亚州的一座小镇出生，这座小镇距离加州的一座大城市奥克兰市 200 千米左右。卡明斯的父亲在自己 20 岁那年告别了亲友，背井离乡来到了奥克兰。当时，刚到奥克兰的卡明斯父亲一无所有。城市里的工作很难找，卡明斯父亲连续找了几天工作，仍然一无所获，在快要填不饱肚子的时候，他打起了退堂鼓，想回到 200 千米之外的家乡去。但这样做的话，意味着他又要回到早已厌倦的贫困生活中，这不但帮助不到家人，还会让家乡的人们笑话他们家出了一个很没有出息的孩子。

他最终还是留了下来，正当他身后没有退路，往前已快钱尽粮绝之时，一个工作机会使他终于在奥克兰站稳了脚跟。后来，他抓住了机会，跻身于中产阶级的行列。在卡明斯还没有成为富豪时，父亲经常教育他："如果你不想把自己逼入绝境，你只有一个选择，那就是不要拖延，马上去做。绝大多数时候，马上去做，反而最省时间和精力。"

无论在工作中还是生活里，我们都会有一些早该去做却又总被我们拖着不做的事情，结果这些事情不但荒废了我们的光阴，影响了我们的生活，我们还给自己找借口："我现在没有时间，等以后再说吧。"其实，我们并不是没有时间，而是我们没有为它安排过时间，我们没有真正想努力去实现它。而那些让我们梦想成真的机会，往往就在一拖再拖中被我们错过。

有人上学期间学习成绩非常优异，在 25 岁那年便拿到了国内的名校硕士学位。离开学校进入社会以后，他刚开始想创业开公司。但当他调研了一番发现创业的成功率非常低，犹豫了好长一段时间后，便放弃了开公司的想法。

他刚硕士毕业的那几年，国内股票还是大热的时候。他的不少同学都进入股市炒股了，并且这其中的很多人或多或少地从股市里赚了一些钱。看到这种情况，他内心开始蠢蠢欲动，也要进入股市炒股。然而，当他去办股东卡时，他却犹豫了："炒股风险大，选择需谨慎，我还是再等等看吧。"但当他看到很多同学都靠炒股发了财时，他终于下定决心进入股市里。没想到，这时候股市已经开始疲软，进入熊市阶段。

为求安稳，他在某国企找了一份工作，成了家，日子过得不上不下，马马虎虎。可是，看到好几个同学都赚了很多钱，他心里就总有不甘。有一天，在和好朋友聊起了自己心中的苦闷时，这位朋友建议他到社会上的培训学校去做兼职讲课，赚些外快。等积蓄多了，将来还可以作为创业之用。他对朋友的建议表现出了一定的兴趣。但当他真的去找兼课的机会时，他又犹豫了："讲一堂课才三百块钱，这要攒到什么时候才能存够创业的资金啊？"所以，他又放弃了。

过了几年，他上班的这家国企搞人事改革，他很不幸下岗了。这时，又有一位朋友建议他去开办一个英语培训班，说当下正值出国热，办这个肯定火。他心动了，可转念一想："这几年也没攒下多少钱，万一招不到学生怎么办？我存的这点钱，还不够赔的。"于是，他又放弃了这次创业的机会。后来，当国内某知名英语培训机构在美国纳斯达克上市时，他悔得肠子都青了。

每个人心里其实都有一份"欲望清单"，都有很多想要去做的事情，都有很多想要拥有的东西。令人遗憾的是，很多人总是喜欢一直拖延，从不落实到行动中去。有些人经常想去做某件事，但又总是犹豫不决。很多时候，我们缺少的其实就是马上落实的行动力。总是拖延，总在犹豫，像刚才案例中的那个人似的，结果不但浪费了自己的时间与精力，还错过了一次又一次机遇。

别拖延！马上落实最节省精力。世界上既愚蠢又可怜的，莫过于那些总是瞻前顾后、不知取舍的人；莫过于那些不敢承担风险、彷徨犹豫的人；莫过于那些无法忍受压力、优柔寡断的人。他们不知道，总是犹豫不决，举棋不定，徘徊太久，最浪费时间和精力。甚至有很多时候，我们并没有拖延，只是没有竞争对手落实的速度快，我们就已经失败了。

贝尔在研发电话的时候，有个叫格雷的人也同时在研究。更巧的是，两个人都同时取得了突破。但是，贝尔在专利局赢了——他比格雷早了两个小时申请到了专利。当然，他们两个人当时是不知道对方的，但贝尔就因为这先到专利局的两个小时而功成名就，誉满天下，还收获了巨大的财富。格雷做错了什么吗？只做错了一件事，他在申请专利的时间上比贝尔晚了两个小时，仅此而已。他其实都没有拖延，只是被贝尔抢了先，他的所有努力，就都白费了！

速度创造成功。拖延，就是在拖慢落实的速度；犹豫，就是在停止落实的速度。没有了速度，就容易落后，而落后者很容易成为输家。如果你每天落后别人半步，一年后就落后别人一百八十三步，十年后就落后别人十万八千里，到那个时候，你跑得再快，也已经看不到别人的项背了，因为你已经被甩在后面了。所以，别拖延，习惯于迅速决断，马上落实。这样你不但能节省更多的时间和精力，还能让你得到的回报成倍地增长。

04
不想总消耗自己的精力？请先学会借力

无论在工作中还是生活里，在遇到难题时，大多数人首先想到的就是，我怎样投入我的精力和时间，想方设法去解决掉难题。然而，我们遇到的难题，对于我们来说，有些非常容易解决，那么我们投入一些精力和时间，就足以解决了。但还有一些难题对于我们来说极难解决，甚至是竭尽全力还是无解。这可怎么办呢？一定要学会借助他人的智慧与力量，帮助你解决难题。对于你来说很难甚至不可能解决的难题，对于有些人来说，花不了什么精力和时间，轻轻松松就能解决掉。

有个看起来四五岁大的小女孩正在松软的沙滩上玩得不亦乐乎。原来，她要在沙滩上修建一条"公路"。没想到，修着修着，有一块很大的石头挡住了她"工程建设"的步伐。她决定将大石头搬开。于是，她开始挖走石头周围的沙子，想从石头底部将它掀起。然而，这块对于成年人来说并不算太大的石头，对于一个几岁大的小女孩来说，却是一个"巨无霸"。只见小女孩手脚并用，使出了吃奶的力气，也只是将石头挪动了一点点。但她马上发现，自己根本没有那么大的力气将这块石头搬离自己要修筑的"公路"。

这个小女孩还挺倔强，就是不肯改道，非要把大石头搬离开才肯罢休。于是她用手推，用肩拱，用背顶，左摇右晃大石头，一次又一次地努力，却一次又一次地失败。因为她始终力气不济，每次刚将大石头推开一点儿，结果一泄劲，那块大石头就又滚了回来。最后一次，大石头滚回时还撞到了她的膝盖。她痛得哭了起来。

小女孩的这一切举动，其实都被她的妈妈在不远处看得清清楚楚。眼见她急哭了，妈妈赶紧走过来，慈爱地抚摩着女儿的小脑袋，温柔地说道："孩子，你为什么不使用你所拥有的全部力量去搬这块大石头呢？"小女孩非常委屈，掉着眼泪说："妈妈，我已经用了最大的力气啦！""不对，孩子，"妈妈亲切地说，"你并没有用尽全力，你并没有请求我来帮助你啊！记住，妈妈也是你拥有的力量。"说完，妈妈弯下身来，抱起那块大石头，然后搬到十几米开外，扔在了那里。

不要总想着消耗自己的精力、时间和资源去做成事情。如果你能够学会借力，懂得借助别人的精力、时间和资源去成就你自己的事业，你又何乐而不为呢？一个人，即使是天才，也绝不是全能的。其实，人生成功的捷径，就在于将别人的长处最大限度地化为己用。换言之，你要学会借力，借助别人的力量，达成你自己的目标。

成功者往往知道自己的极限在哪里，也知道别人强于自己的地方是什么。所以，成功者在做事的时候，往往并不会只依靠自己的力量，而是懂得适时地向他人借力，让自己更容易做成一件事情。个体的力量其实非常渺小，而人与人之间互有短长，你解决不了的问题，对于别人来说或许轻而易举就能解决。所以，请记住，他们也是你的资源和力量。

有一位国内非常著名的企业家，在应邀给某知名大学的学生们演讲时，讲了这么一个故事。从前有个穷人，每天都吃不饱也穿不暖，甚至连住的地方都没有，经常要在桥洞、山洞或者没有人住的房子里过夜。有一天，他梦到了老天爷，于是在老天爷面前哭泣，控诉老天爷的不公。于是老天爷问穷人道："你说这个世界不公平，那么你倒是说说，要怎么样才公平呀？"

穷人哭着说道："这样吧，要么你让我和富人变得一样有钱，要么让富人变得和我一样穷，这样如果以后我们的生活还是有如此大的差距，我就绝对不会再埋怨了。"老天爷答应了穷人的请求，把当地最有钱的那位富人变得和穷人一样穷，但同时又分别给了穷人和富人每人一座山。

老天爷分别对穷人和富人说道："这座山里有煤矿，你们可以挖煤去换钱。但你们只有一个月的时间去开采煤矿，一个月后这两座山都会消失。"

对于老天爷的安排，穷人非常高兴。看看富人瘦弱的身板和自己强壮的胳膊，穷人想道，这不正是我翻身成为富人的大好机会吗？于是，穷人开始精力饱满、干劲十足地挖起了煤。每天天还没亮，穷人就会起床，然后上山挖煤。穷人身体强壮，挖煤的技术也不错，所以很快就挖够了一大板车的煤。板车装满煤以后，穷人就会拉到集市上去卖。煤卖完后，他就拖着疲惫的身体和换来的钱，心满意足地回家睡觉。

再看看富人。由于富人平时从来没有干过重活，甚至连体力活都没怎么干过，所以他连挖煤都不太在行。挖了一天的煤，还没有穷人挖的煤的五分之一。富人发现，不能这样下去，需要想办法改变。想了一夜，终于想出了办法。只见第二天，富人很早就起来了。起来后，他却没有上山挖煤，而是去了集市，用头一天卖煤换来的钱雇用了两个身强力壮的人，并指挥着他们挖煤、卖煤。

自从有了两个强壮的工人，富人挖到的煤便迅速多了起来。煤挖得越多，卖的钱就越多。手上的钱多起来了，富人又雇用了更多的劳动力，来为自己挖煤。如此这般，由于富人雇佣的劳动力越来越多，所以一个月后，整座山的煤矿都被富人手下的劳动力开采完毕。于是，富人又重新拥有了一大笔资金。他利用这些钱开始投资做买卖。不久以后，富人变得比以前更加富有了！

反观穷人，在这一个月的时间里，因为他只是依靠自己一个人的力量去挖煤，所以最终只是开采了整座山的一个小角落罢了。当老天爷收回整座山后，穷人很快便花光了手中的金钱，重新回到了贫穷的状态。

通过企业家讲的这个故事我们发现，仅从挖煤这一"技能"而言，穷人远胜于富人。穷人身强力壮，懂得如何又快又多地挖出煤矿，这是富人比不上的。富人深知自己的劣势在哪里，所以他雇用了在这方面和穷人一样有优势的人来替自己工作，借助他们的力量来为自己谋取财富。于是，明明缺乏劳动优势的富人，却因此"拥有"了胜过穷人数十倍甚至上百倍的劳动能力，自然也就获得了比穷人多了数十、数百倍甚至更多的财富。

很多穷人之所以穷，并不是因为他们懒，其实他们很多时候比富人投入的精力和时间要多，然而，穷人们干得又苦又累，却依然成不了富人，为什么会这样？很大原因就是他们不懂得去借力。穷人们只相信自己，只愿意依靠自己。然而，任何一个人，就个体而言，无论是精力、时间、能力还是其他资源，其实都极其有限。在这些有限条件的限制下，如果不懂得去借力，那么即使投入再多的精力、时间、体力和能力，还是做无用功。唯有像富人那样，学会借力，调动一切力量和资源，来替自己"卖力"，为自己服务，穷人才有彻底变身为富人的可能。

05

融入团队善协作，省时省力成大事

"世界上到处都是有才华的穷人。"有才华为什么会一直受穷呢？原因有很多，其中一种是，不愿意融入一个优秀的团队，不善于借助团队的力量去帮助自己建功立业，成就大事。很多有才华的人，往往容易心高气傲，不愿意主动寻求他人的帮助，也不愿意主动去帮助别人，所以做什么事都总是依靠自己的力量。然而，总是依靠个人的力量去单打独斗，即使你再有才华、能力，精力再充沛，知识再渊博，技术再顶尖，在当今这个越来越讲求分工协作的社会里，也很难做出多大的成就。

如果你身处职场，却总是想靠个人的单打独斗去做事，那就更要不得了。职场更讲求团队协作、互相帮助。在职场里，一个人只有很好地融入团队里，善于与他人取长补短、配合默契，才能使自己的个人价值获得最大的发挥。

但职场里有不少人并没有融入团队之中，互相协作的意识也比较薄弱。

有些人在工作上喜欢我行我素、特立独行，不注重和同事们一起配合，就像一个纵横江湖的"独行侠"。然而，这类人如果不做出改变，不能和团队一起共生存、齐发展，就很难被团队所容，于是在团队里的生存空间越来越小，最终被团队踢出局。如果你也是这样的人，请一定要记住这样一句话：融入团队找助力，就能为自己少耗精力多成事。

谈到融入团队、互相协作的好处，就让人很容易想起这样一个经典的故事。有个人很想知道天堂是什么样子的，地狱又是什么样子的，所以他找到了上帝，希望能给自己描述一下。上帝对这个人说，不用我描述了，我带你亲自去一趟地狱和天堂，你看一看，就知道天堂和地狱分别是什么样子的了。

上帝带着他先来到了地狱。这个人一下子就看到一群人正围着一大锅肉，肉香扑鼻而来，让人胃口大开。然而，围着这一锅肉的那些人却个个看起来都面黄肌瘦、营养不良，眼神里充满了绝望，肚子里不时地传出饥饿的声音。这些人每一个手里都拿着一只可以够到大锅里的肉的汤匙。但是，汤匙的柄比他们的手臂还要长，所以汤匙舀到肉，也没办法送到嘴里。所以，这些人个个都饿得痛苦异常，看着一锅肉，却吃不到嘴里，只能干瞪眼。

离开了地狱，上帝又把这个人带到了天堂。当他们来到天堂后，马上就看到这里仿佛和地狱没什么不一样啊：有一锅汤、有一群人、有一样的长柄汤匙。但天堂里的每一个人看起来都非常快乐。只见他们都在吃肉，吃得很愉快。咦？为什么他们能吃到肉而地狱里的人却吃不到呢？原来，天堂里的人，每个人都会用自己的汤匙舀肉，然后去喂其他人吃。

原来，天堂与地狱并不遥远，它就在我们身边：团结协作、互相帮助就是天堂，单打独斗甚至互相争斗就是地狱。

随着当代社会各种分工的日益精细，任何一个人要想获得成功，是否能迅速融入团队、懂得相互协作、善于互相借力就显得尤为重要了。事实上，只要你能够融入团队，善于和他人默契配合，很懂得怎么和他人协作，你就能在团队里借到其他人的力量，来成就你自己的事业。更重要的是，你可以因为能借别人的力，能做成更多的事。由此可见，融入团队，善于协作和借助他人之力，是多么重要。

在一家外企，有一个非常优秀的女孩叫姚诗。刚进入这家企业的时候，姚诗为了表现自己的优秀，在完成了自己手上的工作后，总会在办公室里大声喊道："我的工作做完了，现在我没事做了！"她这样做，目的是想要炫耀自己高效的工作能力。

过了一个月，姚诗还是经常习惯于这样做，所以部门经理特意把她叫到自己的办公室，然后对她说："在办公室里，千万不要说自己没事做了。如果你没有事做，其实就意味着公司不再需要你了。即使分配给你的工作任务你已经做完了，做好了，你真没事做了，你也要学会主动给自己找事做！我们的工作是流程化的，整个队伍全部做好才算是工作彻底完成。所以，咱们公司并不需要一个英雄，而需要一个能与其他所有人一起共同前进的队员。你听明白了吗？"

姚诗听完经理的这一番话后，突然恍然大悟，同时也羞愧得无地自容。后来，她渐渐学会了调整自己的工作节奏，懂得了主动与他人进行协作，做到了与他人默契地配合。如果遇上加班，都是跟着整个部门的人一起上阵，等大家负责的工作都做完了，才一起下班。

第二年，姚诗所在的部门成了全公司加薪幅度最高的部门，而她也破例获得了二十天的年假。她能在工作了一年后，就获得了如此长的年假，完全是因为部门里的同事们愿意分担她放假后的那些工作量，因为他们想用这个行动，来回报她平日里的为整个部门、为每一个部门成员的付出。

五年以后，原来的经理被调到国外工作，姚诗成为部门经理。原来，部门里的每个人都认为姚诗有能力、有资格担任这个位置。因为姚诗在过去的这几年里，除了自己的工作做得很出色外，还给予过部门里的每个同事或大或小的帮助。更重要的是，姚诗和每个同事之间的相互协作的默契程度都很高，所以无意中形成了她在团队里非常突出的领导力。姚诗完美地融入这个团队之中，团队也成就了姚诗。

懂得合作是一种在当今社会非常吃香的能力。当下，融入团队，与他人进行良好的合作，已成为人类生存的一大手段。一个人只有学会与人合作，掌握这种能力，才能让自己的事业获得良好的发展。

个人势单力孤、精力与时间都很有限，唯有团结才有力量。融入团队、与人合作才能取长补短、互相成就。优秀的人都能从我做起，积极融入自己所处的团队里，因为他们明白，只有团队成功了，自己才能成功，只有自己为团队里的所有人付出，大家才会反过来帮助我们。如果你也想成为优秀的人，也希望借助团队来成就自己，请先融入团队。

06
精力投入相同，平台越好回报越高

电视连续剧《余罪》在互联网上曾一度热播。在这部剧里，男主角余罪从小到大的理想就是成为他家所在的派出所里的一名普通的片警，能给摆小摊卖水果的父亲撑腰。有趣的是，当有更好的工作机会与晋升空间摆在他面前时，他却依然执拗地保持着这个小理想，从未想过去寻求更大的发展空间，获得更大的成就，去改变自己的命运。

有不少观众都不明白余罪的这种执拗，要说只是单纯地想为父亲撑腰，希望父亲能活得轻松一些，那么争取更高的职位，站上更高的平台，不是更好吗？事实上，如果你多了解一下周围的人群，像余罪这样拒绝向更高平台迈进的人，其实不在少数。

虽说"人往高处走，水往低处流"，每个人都渴望成功，都希望能实现自我价值。但同时，每个人也都知道，成功需要付出代价，任何机遇实际上都伴随着风险。往前一步可能是平步青云的天梯，也有可能是万丈深渊。于是，在代价与风险面前，很多人对更高的平台便望而却步了。当然，在现实中我们也能看到一类人，即使前面会有风险，需要付出代价，但他们仍然勇往直前，一定要向更高的平台迈进。我们所熟知的成功人士、伟大人物都属于这一类人！

首先，我们来看看平台对一个人事业发展的重要性。假设有个人写文章写得很好，但他只是把文章写在了自己的日记本里，从来不公开，平时只有自己能看到，那么这个人的文章不管写得有多么好，对他的生活和事业都没有任何积极的帮助。如果这个人把他的文章写好之后，通过恰当的方式，比如向公司的企业内刊投稿，主动给领导、老板写演讲稿之类的应用文章，让公司里的人都知道他写文章很不错。如果领导、老板欣赏这个人的文笔、才华，很可能会重用他。

如果这个人向那些全国知名刊物投稿，文章一旦被挑选上了，这个人不但能获得相应的稿费，还可能会有被约稿的机会。如果这个人把文章发表在互联网上的一些合适的网站上，让无数人看到他的文章，一旦有很多人喜欢他的文章，并且不断转载，他就会越来越被读者们所熟知，人气便会不断累积起来……当他的文章在网上的影响力越来越大时，当他发表的文章越来越多时，当他的文章质量越来越高时，就会有出版商找他谈合作，挑选他的文章，结集出版。于是，他获得了版税和更多的名气。

这就是不同的平台对一个人事业发展的不同影响。我们会发现，在精力投入相同的情况下，在不同的平台上，所起到的作用和所收到的效果会有着显著的差异。可以说，平台越好，回报就越高。

每个人的精力和时间都是有限的，尤其是精力。当一个人年富力强时，他会每天都精力充沛、饱满旺盛；当一个人七老八十时，他往往会表现得精力不足的样子。如果一个人想要追求成功，或者发家致富，最好还是抓紧青壮年时期的时间，好好努力一把。也正是这个原因，我们要尽可能找到最适合我们的平台来发展。

例如，你想要在某个方面取得巨大的成功，首先要做的就是，找到一个能够让自己发挥才能的平台。试想，如果你有聪明的头脑、过人的才能，擅长金融、语言、绘画、运动等等，你在哪一个行业都能取得极大的成功。但如果将如此优秀的你扔到一个荒无人烟的岛屿上，你还有可能成为一个成功人士吗？显然不可能。缺少了平台的支持，你的精力、才能、天赋都无从发挥。

绝大多数行业发展得好不好，与平台的支撑力度强不强有着密切的关系。如果一个人想发家致富，就更应该往人多、钱多、资源多的地方与平台去了。人多意味着机会多，劳动力也多，容易实现高效的社会分工。钱多则意味着经济发达，不管做任何事情都更容易创造经济效益。例如一个歌星，他在经济发达的大城市办一场演唱会，通常至少有几百万元的收益；但如果到经济落后的农村去表演，恐怕想赚几千块都不容易。每个人的精力、能力、时间和其他资源都是有限的。无论做什么事情，若所有环节都只能靠自己一个人去完成，工作效率一定非常低下，其所能创造出来的财富肯定很有限。

身处不同的平台，竞争意识的强弱也完全不一样。通过观察我们会发现，站在越高的平台上的人，竞争意识越强。君不见，很多时候越是成功、社会地位越高的人，似乎越努力，越喜欢竞争，危机感越强。在新闻报道中，我们经常能看到一些关于明星、政要、企业家忙碌于各种事务与活动的报道。例如，某明星今天在横店拍戏，明天可能就出国补拍镜头去了；某政要今天在北京开会，明天可能就去纽约参加某个活动了；某企业家今天还在日本学习，明天可能就到国内某大学演讲了……这些人的背后仿佛有什么吃人的凶禽猛兽追在他们后面，不断逼迫他们去做事情，如果不做事就吃掉他们似的。

站在不同的平台上，眼光也会不一样。当你站的平台越高，你能接触到的机会、资源就越多，视野就越开阔。当你拥有一千万元财富时，你会看到拥有一亿元财富的人是怎样生活、怎样做事的；当你拥有一亿元财富时，你会看到有十亿元财富的人是怎样生活、怎样做事的……如果你站的平台很低，你能接触到的机会、资源会非常少，你的视野会很狭窄。例如，一个每个月领着五千元工资的人，可能只看得到领着八千元月薪的人过着什么样的生活。看完后往往会觉得，比我月薪高三千元的人，也没比我过的日子好多少嘛。我们发现，平台越低，竞争意识越薄弱，人越发容易变得安逸懒散、不思进取。

平台不同，相同的投入，回报也会不同。例如，精力投入相同，在好的平台上，回报就高；在差的平台上，回报就低。例如，一个唱歌很棒的年轻人，参加《中国好声音》并进入总决赛所收获的知名度和影响力，恐怕要比参加某个省级歌唱大赛所收获的知名度与影响力大上数十倍甚至数百倍。毕竟，《中国好声音》是全球播放的，不但内地、港澳台、东南亚的所有人都能收看，连日韩、北美、欧洲等地的人也看得到。

进入了《中国好声音》总决赛，会有数亿观众认识你；参加当下的省级任何歌唱大赛，即使得到冠军，可能也只有几百万人通过直播见证而已。可见，平台是多么的重要。如果你想实现你的价值、达成你的目标、过上你想要的人生，请先选择一个最适合你发展的平台。在精力投入有限的情况下，平台越高、越好、越适合你，你越容易梦想成真。

第 三 章

Chapter 3

集中精力做重要的事，
更容易出成绩

01

最怕你整天忙碌，却只换回一身疲惫

　　每个人的时间和精力都是有限的。如果善于利用自己的时间和精力，换回来的就是财富和成功；如果不善于利用自己的时间和精力，换回来的就是一身的疲惫。有些人辛苦忙碌了一整天，却因方法不当，能力不行，效率低下，结果什么成绩也没有做出来，还累得不行；有些人轻轻松松地干了一天，却由于方法得当、能力过硬、效率很高，所以做出了很亮眼的成绩，受到了奖励和赞赏。

　　在某企业里，有两名员工，我们不妨称之为员工甲和员工乙。企业提供给这两名员工每个月的经营成本都是 5 万元，然后每个月还给他们提供 3 千元的基本工资，提成则按毛利润的 5% 领取。员工甲投入了很多时间与精力，整天看起来都是忙忙碌碌、辛辛苦苦的，然而一个月下来，他做出来的业绩是 4 万元。换言之，连成本都还没有收回来！他自己只能领到基本工资，而拿不到提成，因为提成是从利润里按比例领取的。企业方更亏，因为除了要亏损 1 万元，还要支付给他 3 千元工资。

员工乙利用企业提供的经营成本，也投入了不少时间和精力，由于方法得当、能力很强，懂得怎么去经营，所以一个月下来，做出来的总业绩是 35 万元。这个月员工乙除了能领到 3 千元工资，还能获得提成，具体金额是毛利润的 5%，也就是 30 万元乘以 5%，等于 1.5 万元。

两名员工投入的时间和精力其实差不多，但忙忙碌碌一个月，结果却完全不一样。员工甲辛辛苦苦一个月，除了基本工资 3 千元，就只剩下一身疲惫。更可怕的是，如果连续几个月都不能为公司赚到钱，他还要面临被解雇的命运。要知道，即使你是老板，也一定愿意雇佣员工乙这样的人来为自己工作，而尽可能避免雇佣员工甲。

我们不妨再思考一下这个情况。员工甲住得离公司很远，所以每天早上 6 点钟就开始从家里出发，然后在路上花费 2 个多小时，才能到达公司；员工乙住在公司附近，5 分钟之内就能轻轻松松到达公司。难道因为员工甲比员工乙在上班路上要辛苦得多，所以员工甲应该比员工乙领更多的薪水，更应该得到晋升的机会？正常人显然都不会这样认为吧？

美国麻省理工学院教授迈克尔·哈默认为："勤奋现在已经无关紧要了，劳而无功算不上是美德。"也就是说，即使你整天忙忙碌碌、辛辛苦苦，投入了很多精力和时间，看起来似乎无比勤奋，但得到的业绩却很低，那么这种"劳而无功"就等于没有"劳"。只有苦劳没有功劳，就等于什么都白白付出了。

在某公司里有一位财务总监，从入职以来，勤勤恳恳付出了 10 多年。而公司也把他从一个普通的财务人员晋升为了财务总监。虽然他坐上了财务总监的位置，可他的能力跟初进企业时相比其实没有提高很多。然而，他却经常认为自己资历最老，所以即使没有功劳，也有苦劳，虽然自己在公司里无甚作为，却从来没有过危机感。

后来，公司招聘了一批新人。财务部也进来了一名新员工，一位从名牌大学毕业的女生，能力很强。公司有一项规定，老员工要帮助新员工更快地融入公司。所以作为财务总监，他有义务也有责任帮助新同事。在相处过程中，他发现新来的女同事不但精通财务，外语和营销能力也都强过自己很多，他感到了一种强烈的威胁与危机感。不过这种感觉很快就被他抛诸脑后了。

新来的女同事执行起工作来迅速、精准、到位，由她经手的账目准确清晰，一目了然。而他身为财务总监，经手的账目可能由于粗心大意，结果频频出错，害得公司损失了好几家客户。出了这样的事，他却还是没有开始深刻反省自己。在他看来，不管这个女同事有多么出色，做出了多少的成绩，但她在资历上还是远远比不上自己的，所以对自己的位置还形成不了什么威胁。可惜他想错了，公司其实早就想提拔这位新来的女同事，然后让他提前退休了，只是没找到机会而已。

又过了一年，那位女同事在工作上表现得越来越出色，而他呢，虽然也很忙碌地工作，却还是小错不断。最后，老板终于忍无可忍，便把那位女同事提拔为了公司新的财务总监，他则被安排提前退休了。

在职场里，不是整天忙忙碌碌就可以的，而是必须提供良好的业绩，做出优秀的成绩。如果你是一位员工，要想不被裁员，想要获得用人单位的青睐，就不能把苦劳当成功劳，而应该想方设法做出实实在在的功劳。因为只有功劳、业绩，才能让你远离淘汰的命运。

最怕你整天忙碌，却只换回一身疲惫。总之，就时间和精力的利用来

说，如果做一件事情却没有得到想要的结果，那就等于做了无用功，时间和
精力都白白付出了。所以，不要试图用"苦劳"来为自己浪费的时间和精力
开脱了，也不要让"忙忙碌碌、辛辛苦苦"这样的表现成为低效乃至无效的
华丽外衣，只有实实在在的"功劳、业绩、成果"才是你最应该做出来。

02

别再"盲碌"：事情规划好了，再投入精力

　　有位商业精英有这样一个习惯，在开始一天的工作之前，他都要做这样一件事情，就是将当天要做的事情分成三类：第一类，所有能够带来新生意、增加营业额的工作；第二类，为了维持现有的状况，或使现有状态能够继续存在下去的一切工作；第三类，包括所有必须去做、但对企业和利润没有任何价值的工作。

　　在完成所有第一类工作之前，他绝不会开始第二类工作。而在完成全部第二类工作之前，他绝对不会着手进行第三类工作。他还给自己规定，必须在中午 12 点之前将第一类工作尽可能全部完成。因为他觉得每天上午对他来说是最清醒、最能进行具有建设性思考的时间段。

　　他还指出，我们必须坚持养成一种习惯，那就是任何一件事情都必须在规定好的几分钟、几个小时、几天、几周或者几个月内完成，总之，每一件事情都必须要有一个期限。如果坚持这么做，你就会努力赶上期限，而不是

永无休止地拖延下去。也正是因为你把事情都预先规划好了，然后再投入精力去落实，你就一定能顺利地完成一件又一件工作，收获一次又一次良好的回报。

如果事先没有规划好，然后就随心所欲地做事，这样的做法，看起来也整天忙忙碌碌的，但其实只是一种"盲碌"，低效甚至无效地工作！这样做的结果往往是，你的时间和精力投入了很多，回报却收效甚微。你做了很多无用功，但很多应该尽快完成或者早就应该完成的重要的事，现在都还没有开始去做！

有一个著名的案例，很能说明学会规划的重要性。有一位时间管理专家为一群商学院的学生上课。只见专家拿出了一个一加仑容量的广口瓶放在了桌上，然后对大家说："我们来做一个小实验。"说完，他取出了一堆拳头大小的石块，然后把它们一块一块地放进了瓶子里，直到石块高出瓶口再也放不下了，他才停了下来。这时，他问大家："瓶子满了吗？"所有的学生都回答道："满了。"他反问道："真的满了吗？"说完，只见他从桌子底下取出来了一桶砾石，倒了一些进去，并左右摇晃广口瓶，以便使那些砾石能填满石块之间的空隙。

等砾石填满了石块之间的空隙后，专家又问学生们："现在这个瓶子填满了吗？"这一次学生们有些明白了，于是有些人不是很自信地答道："可能还没有。"还有一些人则直接说道："没有！"

"回答正确！确实还没有填满。"只见他一边说一边伸手从桌子底下又拿出了一桶沙子，然后把沙子慢慢地倒进了玻璃瓶里。当沙子填满了石块之间的所有空隙后，他又一次问学生们："这一次瓶子被填满了吗？""没有！"学生们大声回答道。然后，专家拿过来一壶水，然后倒进了玻璃瓶里，直到水面与瓶口齐平。

　　倒完水后，他看着大家，问道："谁能告诉我，这个实验说明了什么？"这时，一个学生举手发言道："这个实验告诉了我们：无论你要做的事情再多，无论你再忙，只要你愿意挤出时间，也还是能挤得出来的。就跟鲁迅先生说的'时间就像海绵里的水，只要愿意挤，总还是有的'是一个意思。"

　　"你的这个理解，也有一些道理，但我想要说明的道理并不是这个。"专家说，"这个实验其实告诉了我们，如果你不先把大石块放进瓶子里，那么你就再也无法把它们放进去了。所以，我想问一问大家，什么是你生命中的'大石块'呢？所谓'大石块'其实就是对你特别重要的一些东西，每个人可能会有所不同。但无论你的'大石块'是什么，都应切记，要首先去处理这些'大石块'，否则你将遗憾终生。"

　　这个实验启示我们的道理，除了专家所说的之外，笔者想得更多的是，规划的重要性。这个实验里专家先放置石块，然后填进砾石，接着填进沙子，最后倒进水，这样的操作顺序，就是一种非常科学、合理的规划。如果专家不是事先规划好，而是随心所欲地往玻璃瓶里放东西，很可能就放不了那么多东西进这个瓶子里。例如，先放进砾石和沙子，然后再放进石块，能放进去的石块会大大减少。但这个实验的寓意里，石块比喻的是对我们人生来说最重要的事。可见，事先规划好一切，这是多么的重要。

　　为了不让自己陷入"盲碌"的困境之中，我们一定要学会规划我们的工作，并且每一天都给自己制订好一套详细可行的工作落实计划。无论我们想要达成什么样的目标，都必须学会规划、善于计划，才有可能高效地达成目标。

　　在一天的工作开始之前，先要有个详细的"每日工作计划"，先做什么，后做什么，做到心中有数。不要被临时的变故打乱这种计划，所以你要留够一定的机动时间。在每日计划的基础上，你还要制定每周、每月的工作计划，合理控制自己的工作进度。这样才不至于手忙脚乱、无所适从，白白浪费了时间和精力，却还做了无用功。

在工作计划中，很重要的一点就是：在规定的时间内完成工作。我们要关注好时间与质量，并尽可能提前完成工作。因为，任何事情都难免会出现意外。当应该提交的任务与临时的事项冲突时，就很容易陷入鱼与熊掌不可兼得的被动状态，这与计划的弹性原则是同一个道理。

总之，我们的精力和时间有限，一定要学会规划我们的人生，规划我们的事业，规划我们的工作，规划好我们的长期目标、中期目标、短期目标，然后把对我们来说最重要的事情优先落实，这样我们就绝不会陷入"盲碌"之中，我们的精力和时间都能得到最高效的利用。

03
精力再充沛，也别浪费在不值得做的事上

毕业于某名牌大学的苏一，是一位计算机专业的硕士。进入职场后，他受聘于一家大企业。凭借着自己深厚的计算机专业知识，苏一很快就做出了成绩。在入职后还不到半年的时间里，苏一就开发出了一套很受市场欢迎的应用软件。苏一的工作成果为公司带来了巨大的经济效益，同时，他的能力也深得公司老板的赏识，于是，他很快便得到了提拔与重用，迅速从一名普通员工晋升为了项目主管。

又过了一段时间，由于工作出色、业绩优异，他被提拔为了产品研发部的副经理。再后来，由于原来的产品研发部经理跳槽离开了，所以他被提升为了经理。苏一不但自身的专业知识过硬，工作能力突出，还很富有领导魅力，所以深得下属们的尊敬和信赖。所以，产品研发部在他的带领下，不断做出优异的成绩，给企业带来了巨大的效益。

老板坚信苏一是一个难得的人才，很值得培养成为公司的骨干栋梁，于

是打算把他提拔到更高的工作岗位上，去发挥他更大的作用，产生更大的价值。很快，老板将苏一调到了总公司，出任董事会办公室主任，负责分担一些总公司高层才会去做的工作，主要是一些管理工作。

当同事们都在为他的高升感到高兴，并纷纷向他表示祝贺时，苏一自己却一点儿也高兴不起来。因为他知道自己的特长是技术而不是管理，如果去做纯粹的管理工作，不但无法使自己的技术特长得到发挥，还会让自己的专业技能逐渐荒废掉。更重要的是，自己并不喜欢做管理工作。可是，碍于老板的权威和面子，他还是接受了这份对他来说根本不值得去做的职位。

果然，在来到新岗位后的一个多月时间里，苏一虽然在工作上尽心尽力、绞尽脑汁甚至废寝忘食，已经做出了尽可能大的努力，但所做出来的成绩却依然令老板很失望。苏一自己也感到压力巨大，为此，他耗费了几乎所有的时间和精力，但是却几乎没有产生任何的效益。老板也开始给他施加压力，使得他内心压抑，感觉越来越不想工作了。

有一天，在一个合适的时机里，苏一跟老板详谈了自己的苦恼，然后申请回到产品研发部，哪怕是回去做一个普通的软件开发程序员，也毫无怨言。老板对苏一这段时间的表现当然是看在眼里的，知道自己要负主要责任，不应该把苏一放在完全不适合他的位置上。所以，老板最终同意苏一回归产品研发部，仍然担任该部门的经理。

对于职场里的绝大多数员工来说，无论是加薪还是升职，都是一件很值得开心的事。但为什么这种事落到苏一头上时，他却不但不开心，还很苦恼、压抑呢？因为他被提拔到了一个自己毫无兴趣而且无法胜任的位置。对于苏一来说，当董事会办公室主任，是一件不值得去做的事。当他硬着头皮接受了，然后将自己几乎所有的时间和精力，都花在了这件不值得做的事情上时，这份工作就变成了他的苦差事。虽然他已经很尽力了，但由于他没有做出什么好成绩，没有给企业带来什么收益，所以，他所有的努力都等于白费了。幸好他的技术实力非常过硬，所以老板还愿意把他安排回产品研发部，让他继续去做他最擅长也最喜欢做的工作。这对苏一来说，也算是一件幸事。

如果让一个人去做一件他认为不值得去做的事或者不擅长的事，他往往很难做好。就像上面案例一样，晋升到董事会办公室主任这个位置，对于有些人来说是一种梦寐以求的事，很值得去追求和拥有。但对苏一来说，这个位置就是不值得去追求和拥有的，不是因为这个位置本身没有价值，不是坐到了这个位置后要负责去做的事情没有价值，而是因为苏一不具备这方面的能力，即使付出再多的时间和精力进去，也会做不好。最终事实也证明了，苏一往里面投入了自己几乎所有的时间与精力，但并没能做好。

除了上述这种不值得做的事外，还有一种不值得做的事，是这件事本身就没有价值，也就是说，即使你去把这件事做得再好，也不会给你的生活带来任何好的变化，也不会让你的内心感到愉悦、满足。

精力再充沛、时间再充足，也别浪费在不值得做的事上面去。在管理学上有一个定律叫"不值得定律"，说的就是这方面的问题。"不值得定律"告诉世人：不值得做的事，就不值得做好。这个定律道出了人们这样一种心理状态：当一个人做的是一件自己觉得不值得做的事，这个人往往就会用一种敷衍了事的态度去对待它，因此这件事很难被做好，而且即使做好了，也不会给这个人带来什么成就感。

那么，什么样的事又是值得做的呢？符合这样三个条件的事：一、"三观"正确且与我们的"三观"合拍（三观，即人生观、价值观、世界观）；二、适合我们特长、个性与气质；三、能让我们看得到希望、能实现我们的期待。

如果一项工作、一件事情具备了这三个条件，那就是值得做的，投入再多的精力也是值得的，因为它能把我们的付出转化为超值的回报。反之，则是不值得去做的，我们要果断放弃。如果让一个人去做一份与其特长、个性、气质完全背离的事，这个人很难把这件事做好。这就好比一个喜欢和擅长与陌生人打交道的人，偏偏让他待在化学实验室里天天做实验，他怎么受得了，怎么胜任得了？

判断一件事值不值得做的标准，或者说依据，除了上面介绍的方法，还可以让自己的兴趣来评判。如果自己真的不喜欢，怎么勉强怎么尝试都还是不喜欢，那么你最好还是不要去做，因为做了也只是在浪费时间和精力。

在我们周围，经常会有人发出类似于这样的感慨："我什么时候才能有时间做自己喜欢的事情呢？"那些一辈子都在做着自己不喜欢的事情的人，大多其实也都忙忙碌碌，同时却也平平庸庸。他们耗尽了自己一生的时间与精力，却都不曾取得过一些自己特别想要的成功。他们每天都看似很忙，也做成了很多事情，但对于他们来说，几乎都是不值得做的事。换言之，他们一辈子都在瞎忙。

当你确定你的工作对你来说很"不值得做"，请及早放弃！因为越早放弃，就能为你自己省下越多的时间和精力。然后，你可以将这些省下来的时间与精力，投入到你确认是完全值得做的事情上。对每个人来说，如果能有所选择，还是尽可能选择自己喜欢的、非常感兴趣的事情作为自己的工作。用现在很流行的一句话来说就是："选择你所爱的，爱你所选择的。"只有这样，才能激发你的奋斗动力，并让你为之付出全部的时间与精力。

04

会用"四象限法则"，就不会胡乱消耗精力

每一天，沈皓都忙得团团转。最近，他经常向他妻子抱怨说："我每天都太忙了，为什么总是有那么多事情要做呢？只要到公司，就有很多事等着我；甚至我下班回来了，还有一堆事要我处理，简直没完没了。"妻子看他每天都这么烦恼，便问他："你有没有认真想过，该怎么化解现在这个局面？或者说，你想过该怎么做事，才更合理、科学吗？"

沈皓一听不高兴了："我怎么做事还用想啊？当然是集中精力，把所有事情都努力去做好，想办法解决啊。有一句话说得好，兵来将挡，水来土掩。但奇怪的是，我这么尽心尽力地做事了，为什么工作还是做不好呢？"

妻子给他分析道："你虽然做了很多事情，但依然没能把工作做好，根源是你在工作上目前是眉毛胡子一把抓，并没有分出一个轻重缓急来。你应该在做事之前，先把所有的事情列一个表，然后从里面找出重要的事情先做，然后再去解决紧急的，至于那些既不重要又不紧急的事，可以不做。我

相信，你只要把重要的事情一件件做好了，你们老板就会重赏你了！"

沈皓听完妻子的一番分析后，觉得很有道理，于是从第二天开始便这样做了。没想到做事马上变得有条理、高效率了。按这套方法坚持了一段时间后，沈皓成了公司里业绩最出色、工作成绩最优异的员工。

沈皓妻子给他分析问题后所提供的方法，其实在美国管理专家史蒂芬·柯维的《高效能人士的7个习惯》一书里有详细介绍。这套方法在国内经过演变后，又简化为"四象限法则"。具体内容是这样的。我们先拿出一个象限，纵坐标代表"重要性"，从原点越往上代表越重要，从原点越往下代表越不重要；横坐标代表"紧急度"，从原点越往右代表越紧急，从原点越往左代表越不紧急。于是，我们就得到了四个象限。第一象限代表"重要又紧急"的事情；第二象限代表"重要但不紧急"的事情；第三象限代表"既不重要又不紧急"的事情；第四象限代表"不重要但紧急"的事情。

用"四象限法则"来给我们要面对的所有事情进行分类，就可以知道什么样的事情我们应该优先投入精力和时间去做，哪些事情我们压根就没必要去做。熟练应用"四象限法则"的人都知道，当我们把所有事情分别归于不同象限后，这些工作落实的优先顺序往往如下：

首先应该做的是第一象限也就是"重要又紧急"的事情。这类事情应该马上投入时间和精力去做，否则会造成严重的后果。

其次要做的是第二象限也就是"重要但不紧急"的事情。做完了"重要又紧急"的事情后，就应该马上去做这一类事情，千万不要因为这些事情不紧急，就忽略了它们。其实他们和第一象限的事情同样重要！

至于第三象限也就是"既不重要又不紧急"的事情，能躲则躲，能推则推，能不做就坚决不做。因为这一类事情除了浪费你的时间和精力外，对你没有任何益处。

第四象限也就是"不重要但紧急"的事情，你能够交代给别人做，就尽可能交代给别人做，尽可能不要自己亲自去做，因为你的时间和精力有限，还要用在第一和第二象限里的事情，根本没必要把时间浪费在"不重要"的事情上，无论这类事情是紧急的还是不紧急的。

在你开始落实各项事情时，你可以自由地改变优先顺序，不断地重新检讨，这样你才能知道什么是最该优先去做的工作。不该优先做的，就不要去做，能交代给别人去做是最好不过的了。

如果有一项重要的事情执行起来才发现，靠自己的力量根本不可能完成，这时候你一定要学会寻找外力，让更擅长解决这种事情的人帮助你去完成。如果既解决不了这件事情，又不懂得去借力，而是一直在这件事情上打转，除了浪费你的时间和精力外，对这件事情的最终解决毫无帮助。你甚至还会给自己制造出许多不必要的忧愁与焦虑。

当你需要拒绝执行一项"不重要"的事情时，很多时候是很不容易的。但该拒绝就拒绝，要干脆利落一点儿，直爽一点儿，不要犹犹豫豫，拖泥带水。

面对手头上的事情，如果不懂得按重要性与紧急度分类，然后规划好优先落实的顺序，以及借助他人之力去落实的计划，就可能会让自己烦恼痛苦不已，甚至把身体搞垮。

某天，一位男子最近感觉身体极度不适。他便来到了医院，但有很多事情等着他去完成。而这些事情总是折磨着他。令他特别难受的是，他好像从来没有时间去完成真正重要的事情。

最近这些天，他的身体终于出问题了，不但得了胃绞痛，晚上还常常失眠，白天又疲于奔命。因此，他现在情绪非常低落，感觉越来越沮丧悲观。

医生对男子进行了一番检查后，终于了解男子生病的根源在哪里了。这名男子之所以会生病，主要是他在做事方法上出了问题。问题主要集中在三点：一是混淆了紧急的事与重要的事；二是办事效率低下，工作的时候习惯拖拖拉拉；三是他居然还是一个完美主义者。

重要的事情与紧急的事情是有较大区别的。我们将重要的事情拖延得越久，它们就会变得越紧急，同时我们会发现事情变得更糟糕。不仅重要的事情是这样，那些不太重要的事情也会这样。如果你不能及时去落实，随着时间的推移，无论是最重要的事情，还是次重要的事情，都会成为你的噩梦。

那些社会中的赢家之所以会成功，其中一个秘诀是，他们愿意主动承担生活与工作中重要的事情，并且能将其用最快的时间处理完毕。对于重要的事情，他们处理的原则是，能快则快、决不拖延。

其实不重要的事情也别拖延，否则时间越长，就会变得越紧急且需要投入进去的时间与精力就越多。所以，对于那些不重要的事情，你可以不自己去做，但请以最快的速度安排给别人去做，落实的时间越快越好，越早越好。

"四象限法则"告诉我们，想要把我们的时间和精力发挥出最大的作用，然后获得最佳的回报，那么在做事时一定要至少遵循两个基本原则：

（1）永远先从最重要的事情做起。因此开始做事之前，一定要安排好事情的落实顺序。

（2）尽可能别在不重要的事情上浪费你的时间与精力。对于花了时间与精力去做好了，也对你没有什么好处的事情，能不做就不做，能交给别人去做就及早交给别人去做。

05
用好"二八法则"，把精力用于回报最高的事

当我们采用"四象限法则"将我们手头的事情分为"重要又紧急、重要但不紧急、既不重要又不紧急、不重要但紧急"这4类的时候，有一个从效率角度来说最大的缺陷被我们忽略了，那就是事情的价值。有些事情可能需要花费好几个小时、投入巨大的精力去做，但结果很可能却不理想，又或者得不到很大的回报；有些事情即使只需要花10分钟就能做好，但毫无价值可言……所以，当你辛辛苦苦、忙忙碌碌、不分价值高低地去完成所有事情的时候，其实你宝贵的精力和时间都被浪费掉了。

为了更好地利用我们的精力和时间，我们需要学会分辨出我们手头上的事情哪些是"毫无价值、低价值、价值对等"和"高价值"的事情。为此，我们需要学习和掌握一个著名的法则——"二八法则"。二八法则又叫80/20法则或者帕累托法则。这个法则是由意大利经济学家帕累托发现的。这个法则的具体内容是："在任何一组东西里，最重要的只占其中一小部分，约

20%，其余80%尽管是多数，却是次要的。"

在工作领域，二八法则被引申为了这样的内容："有20%的工作能给人们带来80%的回报；剩余的80%的工作只能给人们带来20%的回报。"而在时间管理上，二八法则的引申内容则是这样的："有些人懂得把80%的时间和精力用在20%的重要工作上，所以事半功倍，获得了巨大的成功；有些人却把80%的时间和精力用在了80%的不重要的工作上，所以回报很低。"所以，我们要找出那些只占总数20%的重要的工作，然后对这些工作进行重点的关照。

当你把所有工作都按照"毫无价值、低价值、价值对等、高价值"来归类，你就明白自己应该把时间和精力优先投入到哪些工作上了。相信当你把80%以上的时间和精力投入到"高价值"或"价值对等"的事情上后，你获得的回报将会倍增。

下面是笔者在运用二八法则过程中的一些心得，在这里分享给大家，希望能给大家起很好的参考作用。

（1）找出最重要的事情，优先投入时间、精力去完成。

根据二八法则，如果一个人每天要完成10件事情的话，只需完成其中的20%（也就是两件事情），就可以产生80%的价值。所以，我们应该先找出这两件事情，将其标记为最重要的事情，然后优先投入时间和精力，尽快地完成它们。

（2）避免将大量的时间、精力浪费在毫无价值和低价的事情上。

什么样的事情是会浪费我们大量时间、精力呢？为什么说它们是低价值甚至毫无价值的事情？我们不妨看看下列这些：

毫无新意、例行公事的事。有些企业习惯于周一上午开例会，这本来是好事，但最后往往会流于形式，既不解决什么问题，又不产生什么效益，只会浪费全体人员的时间和精力。

为别人而做的事。例如，替老板去参加一个礼仪性的会议，既不需要你发言，也不需要你带回什么有用的信息，只需要你（实际上是你的老板）出席即可。很多人以为这是老板对自己的信任和器重，所以总是欣然接受。但其实除了浪费你的时间之外，并没有让你得到什么。

你不擅长的事。有些事情你并不擅长做，却还要勉为其难地去做，结果你做得并不好，没有得到别人的认可，还浪费了时间和精力。二八法则告诉我们，与其这样费时费力却不讨好，还不如学会委婉地拒绝呢。

别人也不感兴趣的事。例如，老板让你负责搞好企业的宣传橱窗，你尽心尽力地搜集有用的信息，花了很多心思把橱窗弄得你自己挺满意的。没想到你后来发现，同事们甚至老板都对此毫无兴趣，似乎都忘了这件事了。二八法则告诉我们，没有任何回报的事情坚持做下去只能是浪费时间、精力甚至金钱，不妨和老板商量一下，放弃吧。

把老板的询问当作命令。有一些工作狂老板是没有休息日的，或者说他的休息日是不固定的。所以，你在正常休息日接到他电话的概率就会很高。有的人在休息日接到老板询问工作进度的电话，尽管老板只是询问，他也会理解为是老板对他的工作进度不满意，从而做出放弃休息进行加班的决定。二八法则告诉我们，如果你确定已经保证了工作进度，就可以在休息日将类似的电话转接或者电话留言，保证自己拥有充足的休息时间。

所花时间远远超出预期却还没有结果的事情。例如，和某个客户聊了很多次，所花费的时间远远超出了自己的预期，对方却还不肯下订单。这时候我们难免会对这个客户有一种无助的感觉，放弃吧，但已经投入了那么多时间和精力；坚持吧，又不知道对方什么时候才会下订单。二八法则告诉我们，如果花费的时间超过了预期的一倍，那事情的价值就已经大打折扣了。这时候考虑放弃是较优的选择，否则耗费的时间和收益将更加不平衡。

所以，我们应该避免将时间花在低价值甚至毫无价值的事情上，因为就算你花了 80% 的时间和精力在这些事情，也只能取得 20% 的回报，甚至没有回报。对于那些低价值甚至毫无价值的事情，即使你再出色地完成了，也是对自己时间和精力的巨大浪费。

（3）坚信自己的判断，做自己认为值得做的事。

有些事情在别人看来也许是很有意义、价值很高的事，所以在别人眼中非常值得做。但是，如果感觉对你来说根本没有意义、价值很低甚至没有价值，那么你应该果断放弃。否则，你将浪费掉很多时间和精力，却得不到什么回报。

06
"ABC 管理法"帮助你总在做重要的事

除了"四象限法则""二八法则"能帮助我们做重要的事外，还有一种方法，也可以帮助我们总是在做重要的事。这种方法叫"ABC 管理法"。

"ABC 管理法"是一种工作计划的排序法，具体来说就是，每天下班前，又或者每天睡觉前，把第二天要做的工作，以事务的重要程度为依据，分成 ABC 三个等级，并一一归好类；待第二天上班后，从 A 类事务开始做起，A 类事务都完成了，然后再去做 B 类事务，B 类事务都完成了，再去做 C 类事务。当日没能完成的工作，安排到第二天去做。当天下班前或者睡觉前，重新进行 ABC 三个等级的归类和按落实的优先顺序，把分好类的事务，按重要程度排好顺序。

"ABC 管理法"能有效解决我们因日常事务异常繁多杂乱而感到手忙脚乱的状况，帮助我们在生活、工作或学习等方面的活动，都能有条不紊地进行，让我们总能在做重要的事，而不会出现把太多的时间与精力花在不重要的事上。

不妨先看一个案例。宋进是一位年轻教师。曾有一段时间，他在工作上遇到了一个"两难选择"。他是一个很有责任心的老师，很重视学生们的学习成绩；同时，他又打算趁着还年轻，考一个更高的学位。于是矛盾出现了：如果把学生们教好，让他们都取得优异的学习成绩作为自己最重要的事，那么他除了正常上课外，从学校回到家后，他还要花很多精力去研究怎么样能让学生们学习成绩更好。如果他更看重自己是否能考一个更高的学位，那么他下班回到家后，应该花更多精力到自己的学习上来。

很显然，在做出选择之前，他首先要为自己要做的事排一个先后次序。他更看重什么，要去做的事情的先后次序肯定会不一样。先后次序的变化，如果处理不好，就会产生冲突。意识到这一点，宋老师决定通过合理的排序来解决这些问题。

首先，宋老师对自己的人生进行了一个规划，把未来可能要做的事情和要达成的目标写了下来。他要把这些事情都变成具体的行动。其次，他这个规划并不是一个笼统的概念，而是具体可行的，有着长期规划、中期规划、短期规划之分。最后，在确定一系列的规划后，他已经非常明确自己要做哪些事情，哪件事情应该什么时候做，以及怎么做。

在具体落实这些规划时，宋老师充分应用了"ABC管理法"。"A级"事务就是那些被规划为"重要的事"，这些都是必须落实的事，需要投入大量的时间和精力。如宋老师的短期目标里，最重要的是获得学位。为此，每天都会有必须完成的学习内容，一定要当天学习完和掌握好这些内容，就是当天"重要的事"甚至是"最重要的事"。

每天，宋老师先投入时间和精力，尽快完成了"A级"事务，然后再去完成"B级"，例如，去批改学生们的作业，写教案等等。"B级"事务完成后，然后才是去做"C级"事务，如洗衣服、去超市买一袋大米回来之类杂事。当然，宋老师归为"B级"的一些事务，其实能在上班期间完成，就尽量在上班期间完成，这样就不会占用下班后的时间，例如批改学生们的作业。至于"C级"事务，能交给别人做就尽量交给别人。例如洗衣服可以让亲人或朋友用洗衣机帮忙洗一下，买什么东西如果可以送货上门，就要求送货上门。

每个人的精力是有限的，时间是不多的。为了能优先完成那些最重要的事，在进行了"ABC"三级分类后，还要把每一级的每一件事务按重要程度排好落实的顺序。例如，归到"A级"的事务，在重要程度上也不是完全一样的，总会有些特别重要，有些相对来说没那么重要。所以，我们还要对"A级"事务进一步细分。这样做，你就能总是把精力和时间用在了你当下最重要的事情上。

当然，一件事情的重要程度也不是永远不变的，随着时间的推移，重要程度很可能会发生变化。一件事情究竟应该归为"A级""B级"还是"C级"其实都是你自己说了算，由你自己的感觉决定。我们为什么要运用"ABC管理法"，目的就是把我们可能要去做的事情按重要程度列一个落实的先后顺序而已。因为这样做，能帮助我们最有效地利用我们当前的时间，让我们总是把时间和精力用在了那些真正重要的事情上，而那些价值很低甚至毫无价值的事情，就不怎么会占用我们的时间和精力。于是，我们的做事效率就变得越来越高，回报越来越大。

用"ABC管理法"为你第二天面临的所有事项分好类，列好落实的先后顺序，这是既省时又省力的一个方法。当你把所有事项分别列进了"A

级""B 级"或者"C 级"里，并排好了落实的先后顺序后，把它作为你的
《每日任务清单》。

　　这份专属于你个人的《每日任务清单》，能时刻提醒你，哪些是重要的
事，哪些事可以找别人来替代你去完成，哪些事情你可以不必去做。这样你
每天都会很有充实感与成就感。如此一来，你每天的大部分时间与精力其实
都总能用在做重要的事上。于是，你的工作是高效的，你做出的成绩是出色
的，你的回报是丰厚的。

第 四 章

持续饱满的精力，
源自对梦想的渴求

01
别让懒惰安逸混日子，销蚀你的精力

在人生路上，有很多事情很容易消磨我们的时间、销蚀我们的精力。如果我们在有价值的事情上付出了我们的时间和精力，即使事倍功半，也要远好于在那些毫无意义、价值的事情上去付出。

曾看过这样一个寓言故事。马听说唐僧要去西天取经，立刻追随而去。经过九九八十一难后，他们取得了真经。回来后，马的好朋友驴问道："你走了那么远的路，累不累啊？"马说："其实，你围着磨盘所走过的路，加起来并不比我去西天取经所走的路要少！而且，你还要被蒙住双眼，任人抽打，比我要辛苦和不幸多了。我去西天取经会很累，但留在这里混日子的你，恐怕比我更累！"

内心有什么样的想法，人生就会有什么样的活法。那些混日子的人，往往就像那头驴一样，一辈子都在围着命运的磨盘转，眼睛也仿佛被蒙住了，然后一直在转圈，然而他们投入进去的时间和精力其实一点儿也不少。然

而，混日子的结果往往是，销蚀了精力、浪费了时间、混掉了青春、荒废了
人生。

23 岁那年，阿杰从大学毕业，然后进入了一家企业，从事文案工作。
在刚进入企业的那段时间里，他每天都表现得朝气蓬勃、热情洋溢、精力饱
满、拼劲十足。他相信，只要自己肯努力，就一定会有出人头地的机会。在
企业里，只要是上司交代给他的工作，每一件事都做得尽心尽力。他已经记
不清有多少次，为了赶写产品宣传稿、营销策划案，同事们都下班约会、
喝酒吃烧烤去了，他还在办公室里埋头苦干，困了就在办公室的沙发上睡一
会儿。

这样激情澎湃地工作了一年以后，有一天他却突然变了，变得懒散懈怠
了。原来，他发现自己一直以来如此努力付出，却并没有为自己赢得任何机
会，加薪没有自己的份儿，升职更是连影子都没有过。

从此以后，他每天都按时上下班，在工作上没有了梦想与追求，开始
彻头彻尾地混日子。在他看来，反正无论自己多么努力，领导都不会放在眼
里，为什么还要让自己累死累活呢？

有了这样的想法后，阿杰活得确实越来越轻松了，也有时间与同事、朋
友们一起相约去喝酒吃烤串了。然而仅仅又过了一年，公司计划裁员，整天
混日子的阿杰第一个便被淘汰了。

无论任何时候，我们都不应该混日子。即使是在自己付出了很多以后依
然得不到企业的赏识、重用，我们还是不能混日子。在企业里上班，我们表
面上是为了企业而工作，我们不断地给企业做贡献，看似企业占了我们很大
的便宜。但实质上，收获更大的是你。因为你在努力工作过程，提升了自己
的能力，扩大了自己在职场的影响力。

如果你付出了很多，但企业还是没有什么表示，你不妨这样做：一、继续努力，利用企业这个平台，不断提升自己的各方面的能力；二、寻找合适的愿意重用你的平台，在恰当的时机跳槽。总之，无论别人怎么对待你，你都千万不要混日子，因为混日子损失最大的是你自己。

有一种自甘堕落叫懒惰、混日子，有一种人生陷阱叫贪图安逸，有一种危机叫安于现状，有一种后悔是"我原本可以努力"。美国康奈尔大学做过一个非常有名的实验。他们将一只青蛙突然丢进煮沸的油锅里，在这千钧一发的生死关头，青蛙表现出了超乎寻常的反应能力。只见它刚刚沾到沸油，便迅速跃起，一瞬间就跳离了那几乎使它外焦里嫩的油锅，安然逃生。

过了一个小时，研究人员又找来了一口同样大小的铁锅，只不过这次锅里盛的是冷水，他们将那只死里逃生的青蛙再次放入锅中。青蛙在水中惬意地游动着。随后，研究人员用炭火慢慢加热铁锅，而锅里的青蛙却浑然不觉，似乎还挺享受水中的温暖。等它意识到水温已经让自己无法承受，必须奋力跃出才能活命的时候，一切都为时太晚。它很想逃离但全身乏力，根本跳不起来了。

面对突如其来的危险，无论是人还是动物，往往都能做出迅速的反应，让自己想方设法躲避危险，而且也比较容易躲得过危险。但过于安逸则令人心生懈怠，甚至会致命。

在社会中，在职场里，有很多人其实也像这只青蛙那样，当身处的环境允许自己安于现状，他们就慢慢享受起了这种安逸。然而，正当他们心安理得、日复一日地享受着这种被他们称为"平凡可贵"的生活时，外界可能正在悄悄发生着巨变。当有一天危机降临时，他们很可能也会像青蛙一样无力招架，被职场淘汰，甚至被社会淘汰！

大军曾经担任过一家大企业的副总经理，但可能包括他在内的所有人都没想到，如今的大军，已经在家待业很长时间了，如果他再找不到工作，恐怕连吃饭都会成问题。想当年，在刚进入那家企业时，大军也曾经工作非常卖力，还懂得不断提升自己的能力，不断强大自己的核心竞争力。由于不断创造出优异的业绩，进入这家企业两年后，他便被提拔为了部门主管。在工作过程中，他又表现出了良好的团队管理能力，所以在五年之后，他成了这家企业的副总经理。这一年，他才 29 岁，是整个企业里最年轻的高管。在当时看来，大军可以说是前途无量！

然而，在升了副总，拿了高薪，有了配车，住进了公寓，生活品质得到了极大的提高后，大军的工作态度却反而大不如前了！之前从来没有无故迟到过的他开始经常迟到了，原因是他要睡到自然醒。他开始经常请假了，原因只是想自己出去逛一逛、玩一玩。他把大部分工作都推给了助理，只为抽出时间去棋牌室打上几圈麻将。有一位朋友看到他这种情况，很担心地劝告他，希望他赶紧把心思用回到工作上。没想到，他居然对朋友的话很不以为然。他说："何必把自己搞得那么累？坐到这个位置已经是我的极限了，我又不可能坐到总经理的位置上。"

这时候的他，已经沉沦于安逸享乐之中，对工作已经十分懈怠了。但他却不以虚度为耻，反以悠闲为荣。就这样，他在副总经理的位置上待了两年，却没有干出一点儿成绩。这时候又有朋友提醒他说："你应该赶紧做出点儿成绩，在职场里，没有成绩是很危险的！"但他却说："我为公司立过汗马功劳，公司有很多事情离开我玩不转，老总是不会对我下手的。"

然而，他想错了。公司离开他照样玩得转。在经过老总派人对大军进行数次劝告，大军却依然没有改变的情况下，董事会终于把他辞退了。

大军被"炒了鱿鱼"后，高薪没了，车子退了，公寓被收回了，业内名声也坏了，应聘高管没人要，从头做起心又凄凄，于是，他就这样不高不低地耗着，钱越花越少，不得不再去租住小房子。

时间珍贵、精力宝贵，请好好珍惜。别在最能吃苦的年纪选择安逸，否则，到了应该享受人生的年纪，你还要去吃苦。在吃不了苦的年纪去吃苦，这样的人生是最可悲的。在最能吃苦、最适合努力拼搏的年纪里，请把你的精力、时间都投入进去，迅速拉开与他人之间的距离。你努力拼搏、全力奋斗了，也许不能家财万贯、地位显赫，但至少了无遗憾地付出过。更何况，万一成功了呢？

02
找不准自己的定位，精力很容易被浪费

有很多人付出了很多努力，投入了很多时间与精力，却依然没有任何回报？因为这些人只是在做无效的努力，他们中的很多人甚至连努力的目标都不明确，看到别人做什么，自己就做什么，结果努力了半天，都只是在浪费自己的时间和精力。要想让自己的努力能收到良好的回报，首先要找准自己的定位。

有位成功人士说得好，人能看多远，就能走多远；心有多大，舞台就有多大。如果你想要通过努力，在未来获得一定的成就，现在就一定要懂得这样的道理："你今天的生活，源于几年前的选择；你今天的选择，决定了你以后几年的生活。你以前的定位，决定了你现在的席位；你今天的定位，决定你明天的地位。"

谭盾在 11 岁那年，在一次偶然机会下看到了一本书名叫《列宁与音乐》的书，并记住了书中这样一句话："如果你还年轻，你还想做艺术家，你就

一定要先把自己当成是一个艺术家。"正是这句话，让他第一次萌生了"要当一名音乐家"的念头。

第二天，谭盾妈妈就发现了儿子的异常——他的书包上写着"长沙乐团"这四个大字。原来，这是谭盾为了激励自己而亲手写在书包上的。其实，当时长沙并没有乐团，谭盾也不知道乐团是什么样的。谭盾的第二个异常举动是在书包上拴了一根筷子。原来，他把这根筷子看作是一根指挥棒。小谭盾要用这两个异常举动向世人宣告："我要当一名音乐家。"

1977 年，国家恢复高考。时年 20 岁的谭盾考入了中央音乐学院作曲系，既学习作曲，又学习指挥。在获得音乐硕士学位后，他便远赴美国纽约哥伦比亚大学进修音乐艺术博士学位。当年远赴哥伦比亚大学求学时，谭盾的生活境况非常不好。身在异国他乡却穷困潦倒的他，为了解决生存问题，只能去街头卖艺赚钱。在那个时候，他结识了一位黑人琴师，两个人同心协力在一家商业银行门口"占领"了一块地盘，每天在那里卖艺赚钱。

当赚到的钱足以维持生计后，谭盾便告别那位黑人琴师，离开了街头，投向了自己向往已久的艺术殿堂——哥伦比亚大学。在那里，他师从大卫·多夫斯基以及周文中先生，潜心学习音乐。身在学府之中，自然无法再像在街头时那样卖艺赚钱，所以谭盾的生活又逐渐拮据起来。但再苦再难，他也没有再去街头卖过艺。

又过了几年，在师友们的帮助下，谭盾在美国成功举办了个人作品音乐会，成了第一个在美国举办个人音乐会的中国音乐家。在那个音乐会上，谭盾一"挥"成名。后来，格文美尔古典作曲大奖、格莱美大奖、奥斯卡最佳原创音乐奖等全球最具影响力的各大音乐奖项纷纷被他收入囊中。

成名以后，谭盾有一次偶然路过自己当初卖艺的地方，发现那位黑人琴师竟然还在那里卖艺！时光匆匆，从他当初在那里卖艺算起，时间已经过去十年了。

谭盾主动上前去与黑人琴师交谈了起来。黑人琴师问起谭盾现在工作的地方，他简单回答了一家非常有名的音乐厅。黑人琴师很替他高兴地说："噢！听起来很不错啊，那个地方能赚到不少钱吧？"也许这位黑人琴师并不知道，眼前这个他当年的"合伙人"，如今已经成为享誉全球的大作曲家、大指挥家了。

选择决定未来，定位决定地位。几年前的选择决定了你今天的生活，今天的选择决定了你往后几年的生活；你现在的地位取决于以前的定位，你今天的定位将决定你未来的地位。谭盾从少年时代开始，就已经给自己明确地定好了位，那就是长大后成为一名音乐家。在成长过程中，无论遇到了什么样的艰难困苦，他都没有偏离过这个定位，所以他最终成了世界一流的音乐家。那位黑人琴师为什么数十年如一日地在那家商业银行门口卖艺呢？也许他的定位就是每天在那里卖艺赚钱，用以养家糊口。如果真的是这样，那他也算是达成目标了。

人的命运，并非由天注定；成功的机会，并非无迹可寻，它们都是可以由我们自身的主观努力去把控的。人生的方向是由我们所定位的目标来决定的，定位的不同必然导致目标与成就的不同，甚至会有天壤之别。绝大多数时候，如果找准了定位，然后朝着正确的方向努力，终会功成名就。如果找不准定位，看到别人做什么事成功了，赚了大钱了，便以为自己去做也肯定能成功，结果去做了才发现，自己根本不是那块料，于是不得不中途放弃，浪费了很多时间和精力。

有位女老板通过卖化肥致富了，身家有几千万元。这位女老板有一个关系不错的朋友叫丁宁，一直在一家超市里做出纳。丁宁每个月的工资不高也不低，大概是 3000 元。但看到自己的好朋友卖化肥赚了那么多钱，她也想去卖化肥来赚大钱。正好那段时间丁宁上班的那家超市因经营不善打算结业，于是丁宁就投到了女老板的麾下，想通过卖化肥赚到自己的"第一桶金"。

由于是关系很好的朋友，女老板便亲自出马带着丁宁上山下乡去推销化肥，亲力亲为地教她怎么和农民打交道，例如怎么沟通、怎么推销等等。化肥的利润其实不高，一袋化肥利润最高也就几块钱，而丁宁作为代理，推销出去一袋化肥，也就只能赚到几毛钱的提成。这与她当初想象的相差太远了。坚持了不到一个星期，她就宣告放弃，离开了女老板的化肥公司，去到一家小饭店，找了一份新的出纳工作。

其实在现实生活中，类似于丁宁这种情况的人比比皆是。有个年纪大概三十五六岁的电焊工，以前是在国有企业上班的，后来厂里不景气，工作越来越少，所以在家里赋闲了很长时间。在此期间，有亲戚给他介绍了一个工程，他却因为嫌赚钱太少，宁愿继续闲着也不去接那个项目的工作。

相信你周围有不少这样的人。找不准自己的定位，什么赚钱就想去干一下，发现自己干不了就又放弃。反反复复之下，不但浪费了很多时间和精力，还一事无成。甚至还有一些人，连去寻找自己的定位都不愿意，更别说是让他们去为了什么目标而努力了。所以，能够成功的往往是少数人。

人贵有自知之明，只有先自知，看清楚自己所站的位置，看清楚自己手中所握有的资源，才可能从实际出发，让自己所拥有的一切发挥出最大功效，找到适合自己的真正可行的成功之路。这个过程，就是寻找定位并确定努力目标、方向的过程。而当你了解了真实的自己，接纳了真实的自己，才能真正看清楚你与梦想之间还有多远的路要走，也才能真正看清楚，究竟走哪一条路，才能通往你梦想的大门。

世界上每一天都发生着不可思议的事情，世界上每个人都有创造奇迹的能量。重要的是，当你试图向梦想靠近时，你是否真正看准了自己的定位，是否真正明白，自己究竟能做什么、不能做什么。

03
先想清楚要去哪里，就不会浪费时间、精力

　　想要尽可能不浪费自己的时间和精力，就一定要在先确立好自己的长远目标、中期目标、短期目标等。这样你就能清楚地知道自己应该做些什么事情。

　　任何一位取得了巨大成功的人，都懂得这样的成功秘诀：今天的成功，是昨天的远见和计划的结果；想要明天取得巨大的成功，今天就必须确立好未来的目标。

　　随着互联网的蓬勃发展，很多人都知道了一个叫"孙正义"的人。孙正义是日本软件银行集团的董事长兼总裁。大多数刚听说他的事迹的人，都会认为这个人的运气怎么这么好。然而，日本著名作家井上笃夫在其写的《飞得更高：孙正义传》一书里面，以详尽真实的事例和准确有力的笔触反驳道："孙正义之所以能成为世界级富豪，除了激情、除了市场运作能力之外，还有一个前提，这是大部分人都没有发现的，就是先见之明。"事实上，孙正

义的一位创业伙伴也曾经说过："孙正义做具体的事情不行，但辨认方向的本领一流。"

看到过孙正义为自己制订的 50 年生涯规划的人都会发现，做事前订立计划的人很多，但极少有人能像孙正义那样，总能找准方向、抓住关键，然后当机立断、一击即中的。

孙正义的生涯规划是这样的："20 多岁时，要在自己所投身的行业建立存在感；30 多岁时，要储备 1 亿美元的种子资金，以便足够去做一件大事情；40 多岁时，要看准一个重要行业，然后把重点放在这里，努力成为这个行业的第一，要拥有 10 亿美元以上投资资产，公司旗下拥有 1000 家以上的公司；50 岁以后，完成自己的事业，公司营业额达到 100 亿美元以上；60 岁时，把事业传给后人，自己则回归家庭，颐养天年。"

写下上述生涯规划时，孙正义才刚刚年满 19 岁，口袋里只有 100 多美元。当时，每一个知道了他的这个生涯规划的人，都对他嗤之以鼻。但孙正义并没有在意这些，他通过一番努力，到 21 岁积累起了 1000 万日元，然后用这笔钱创立了 Soft Bank，也就是今天大名鼎鼎的软银公司。

公司成立那天，他站在一个苹果箱子上对着仅有的两名雇员发表演讲说："咱们公司要在 5 年之内销售规模达到 100 亿日元；10 年之内达到 500 亿日元，员工人数达到几万人。"这两个雇员听得瞠目结舌，没过多久，他们因为看不到公司的发展前景，便先后辞职了。

在他 21 岁那一年的 10 月份，大阪举办了一个电子产品展销会，他认准这是一个好机会，于是拿出了 800 万日元（占他的公司总资产的 80%），租下了距入口最近、面积最大的展厅，然后通知各大软件公司，请他们来软银展厅免费参展。这一做法马上就提高了软银公司的知名度。

1996 年 3 月，孙正义先后总共将 1 亿多美元投给了一家还没有任何盈利的互联网公司。当时几乎所有人都认为他疯了。但几个月以后，人们又开始佩服他了。这家互联网公司当年就在纳斯达克挂牌上市，其股价高举高打，孙正义只卖掉了手中股票的一小部分，就赚了 3 亿多美元。这家互联网公司就是曾经名噪一时的门户网站雅虎。但这个时候，之前那些说他是疯子的人又开始说他只是运气好了。言外之意，如果自己的运气也像孙正义一样好，没准现在也赚到好几亿美元了。

孙正义能投资成功，真的是靠运气好吗？当然不是。其实，他具有对信息时代特征精准无比的洞悉力，所以才总能抢先别人一步进入回报率最高的信息增值服务领域。最重要的是，他相信自己的判断，并不受影响，最终坚持下来。这是他总能获得丰厚回报的基础，也是软银公司创造传奇的关键。

3 年后，时间到了 1999 年。在这一年的 10 月 30 日，孙正义给一个中国男子打电话，约他在北京见面。两个人聊了仅仅 6 分钟，孙正义就决定给对方投 3000 万美元。对方觉得太多，只要了 2000 万美元。这个中国男子就是阿里巴巴的创始人马云。然后，软银成了阿里巴巴的最大股东，占比 34.4%。现在阿里巴巴的市值大约 4000 亿美元，普遍评估在 1500 亿至 2000 亿美元之间，取其中，按 2000 万美元计算，软银所持股票价值 1336 亿美元，孙正义投资阿里巴巴不到 20 年时间内，投资回报率达到了 6000 倍。

孙正义在订立目标、规划生涯以及对未来的预见上，都是最值得我们学习，也特别让我们叹服的。当然，世界上其实没有所谓的先知先觉者，任何的"先见之明"其实都是建立在长期敏锐观察、深入了解的基础上的。

所有成败的事实都表明：没有目标，你将什么都不是。目标意味着你的一切。而定位，就是针对你的目标所要做的事。孙正义能一次又一次取得成功，首先是因为他找准了自己的定位，找到了最适合自己的最高目标、中期目标、短期目标，所以他不会浪费自己的时间和精力，不会做无用功。

美国心理学家叶塞博士曾将自己20多年的心理研究浓缩成了一句话："为你所能获得的最高目标奋斗，但绝对不要做无谓的抵抗。"

奋斗，固然是我们应该具备的生活态度，而放弃无谓的抵抗，则是我们应该具备的更明智的生活态度。如果一个人五音不全却偏偏想要成为歌唱家，一个人身材不美却偏偏想要成为舞蹈家，一个人天赋不够、想象力不丰富、逻辑不通、文笔太差却偏偏想要成为作家，凡此种种，大都只是无谓的抵抗，徒增伤悲而已。

无论是军事家还是企业家都必定明白这样一个道理，想要让自己处于有利位置、保持优势，就千万不要打无把握之仗。其实，人生也一样。我们大可不必因为羡慕别人的成功，就盲目地跟着别人走。在人生的舞台上，每个人都有自己的位置，一个人只要演好了自己的角色，就算是成功的，无论你扮演的是主角还是配角。如果你连最适合自己的最高目标是什么都还没找到，你的时间与精力又能投入到哪里去呢？只有想清楚自己最想去哪里，找到了最适合自己的最高目标，然后投入全部时间与精力，才能最终实现我们的最高目标。

04
持续饱满的精力，源自对梦想的渴求

当一个人有着清晰、明确、一定要达成的梦想时，这个人总是拥有持续饱满的精力，总是想方设法去行动，以期更快地达成目标，实现梦想。

我们已经知道，梦想大致可以分为两种，一种是不可能实现的梦想，我们称之为幻想；另一种是通过努力可以实现的梦想，叫理想。在现实中，只要一个人拥有了梦想，无论是幻想还是理想，每天都必定活得积极向上，浑身上下充满了活力，并且能向周围传递正能量，仿佛是一个移动的"小太阳"，能给大家"发射"希望之光。

也许有些人都想不到，梦想其实有着神奇的作用。关于梦想的作用，曾有很多成功人士说过，梦想是人生的指路明灯，让人总能朝着正确的方向前进；梦想是人生的精神支柱，让人无论遇到任何困难、挫折、阻碍，都能不屈不挠，永不放弃，想方设法闯过难关，精神抖擞，继续前行；梦想是人生奋斗的力量源泉，让人每天都能精力饱满地行动；梦想是防腐拒变的思想武器，让人不被各种诱惑"拐跑"，始终专注于如何实现梦想……有时候，梦想的作用大到令人意外、惊奇。

曾被世人誉为"全球第一 CEO"的杰克·韦尔奇在刚刚接任 GE（美国通用电气公司）的 CEO 时，已经有 117 年历史的 GE 公司已经走了很长时间的下坡路，随时都有破产的可能。但韦尔奇接手后，却奇迹般地把 GE 公司起死回生、重现辉煌了。韦尔奇靠的是什么呢？首先依靠的是他的经营理念。在他的经营理念里，为世人皆知的就是"梦想开启未来""剔除没有激情的人""别人的东西不可复制""态度决定一切""管理越简单，公司越好""一致、简化、重复、坚持"等等信条。

当年，微软公司用来引导大家向前努力奋斗的梦想是"让每个家庭的桌上都有一台电脑"；现在，微软公司的梦想是"赋能地球上的每个人和每家组织，帮助他们取得更多成就"。福特公司的梦想一直都是"制造人人都买得起的汽车"，现在还是。其实，每一家取得了巨大成功的企业都拥有自己清晰的梦想。在梦想的指引和激励下，经营者和员工们一起不断努力，让企业实现了梦想，并一直坚持梦想。

企业要成功，必须先有梦想；个人要成功，也同样先要有梦想。任何一个取得了伟大成功的人，都必定有着一个伟大的梦想。而这个梦想，通过努力是可以实现的。换言之，他们都有一个伟大的理想。而后来的事实也证明，他们在梦想的指引和激励下，每天都用饱满的精力，脚踏实地做好每一件小事，直到迈向成功，到达事业的巅峰，最终实现了梦想。

人不能没有梦想，有梦想才有希望，有希望才有行动的力量，才能每天都精力十足地做事。如果连梦想都没有的人，很难成功。然而，梦想开始于行动，也结束于行动。美国著名演说家、教育家博恩·崔西说过："只有 3%

的人为未来做过详细的规划，而有 97% 的人并没有为未来做过什么规划。通常，做规划的人有自己的事业，而没有规划的人则为那些有规划的人工作。"从梦想的角度来看，也是同理。有一位成功人士曾指出："人因梦想而伟大。没有梦想的人，永远在为有梦想的人工作。"

任何一个人想要成功，首先必须要拥有有可能能实现的梦想，也就是理想，然后为了实现理想而马上开始行动，因为想要梦想成真，想要让理想变成现实，靠的是行动。（注：下面我们用"理想"来代表"通过努力可以实现的梦想"。）

法国伟大的作家雨果在其名著《海上劳工》里说过："生活好比旅行，理想是旅行的路线，失去了路线，只好停止前进。生活既然没有目的，精力也就枯竭了。"理想是指路明灯。没有理想，就没有明确的方向；没有方向，行动也就无所适从。

理想是一个人全部精神生活的总目标和内在动力。一个人一旦确立了理想，这个人的精神生活和精力付出就有了一个方向。有了理想，就有了强大的内在动力，你的所有精力就有了一个可以付出的焦点。当你把所有精力放到所选定的任何一个领域，一定能学会许多前人与他人已有的成果、经验，从而让自己迅速积累起丰富的学识与经验。一个人学识越渊博、经验越丰富，看问题的能力就越强，解决矛盾的本领就越大。

墨家学派创始人墨翟也曾指出："志不强者智不达。"理想越大，由理想激发出来的动力就越大，激发出来的精力就越充沛，智力就越高，知识就越渊博，成就的事业就越大。

绝大多数人其实都希望能实现自己的价值，但想实现个人价值，其过程是艰辛、曲折的，没有一定的毅力是不可能实现的。然而，当一个人有了理想之后，就有了实现个人价值的毅力。因为拥有理想的人，当遇到困难时，他就会想到理想实现时的快感、自豪与美好，于是一股强大的动力就会被激发出来，瞬间精力十足，浑身充满了力量，然后就战胜了困难。一个人一旦有了清晰、明确的理想后，就有了鞭策自己的内在动力，就会激发起这个人的巨大热情，促使他积极开动脑筋，想方设法、不畏艰苦地去解决各种矛盾，闯过各种难关。

罗曼·罗兰说过："缺乏理想的现实主义是毫无意义的，脱离现实的理想是没有生命的。"理想的生命力在于实践，理想与实践结合，才可能诞生出美好的未来。所以，当你拥有了具备可能实现的梦想，也就是理想时，请马上开始行动，用饱满的精力与热情，让梦想之树早日根深叶茂、开花结果。

05
"一定要"达成目标的人，总是精力"满格"

　　现如今，我们总能发现这样一些人，他们每天在做某件事情时，看起来总是有使不完的劲儿，仿佛身体里的精力总是"满格"似的。手机充满了电之后，电量是满格的，人如果有了"一定要"达成的目标或者"一定要"实现的梦想后，身体里的精力也往往是"满格"的。

　　龚智超曾是 21 世纪初我国著名的羽毛球运动员。少年时代的龚智超刚被选拔进湖南省羽毛球队时，很多人对她能否成材持怀疑态，因为她的身体条件太一般了。在刚进入成年队时，她的身高也只有 1.63 米，体重不足 50 公斤。在国际羽坛高手如云、运动员身材高大化的羽毛球赛场上，龚智超的外形看起来确实毫不起眼。然而，当这位瘦小文静、身体单薄的姑娘凭借超强实力跻身国家队后，人们很快便对她刮目相看。

　　经过一系列征战，那些世界羽坛的老将名宿都成了她的手下败将。不到一年时间，她就成了世界级高手。1996 年 4 月，龚智超首次代表中国参加亚洲羽毛球锦标赛就技压群芳,取得冠军。从默默无闻到排名世界女单第一,她只用了 11 个月,创造了国际羽坛排名上升的最快纪录。因此,她也被国际羽联称为"中国最新球星"。

龚智超有什么样的成功秘诀吗?很多人对她的评价是,她是一个智慧型的选手,这个不假。然而,她能够从先天条件不足的选手,后来成为世界第一,主要靠的还是科学、刻苦的训练。当她确立了要成为"世界第一"的目标后,就开始为了达成这个目标,而努力训练。所以,为了"一定要"实现"世界第一"这个目标,她每天都是"精力满格"地开始训练,浑身仿佛有着用不完的精力、体力。日积月累之下,她终于把自己训练成了世界最顶尖的羽毛球高手,实现了"世界第一"的目标。

要想让自己每天都精力"满格"其实很容易,那就是订一个你"一定要"达成的目标,然后为了实现这个目标马上开始行动。这时候的你,一定是精力满格的。

罗蒙诺索夫被誉为"俄国科学始祖"。19 岁那年,他徒步了两千千米,从家乡到莫斯科求学。他所在的那所贵族教会学校全部用拉丁文讲课。罗蒙诺索夫不懂拉丁文,只好先补习拉丁文。老师瞧不起他,要他坐到最后一排去,十三四岁的同学们更是指手画脚地讽刺他说:"看呀,一个 20 岁的大傻瓜来学拉丁文啦!"然而,老师的冷眼、同学们的讥讽,他全都没放在眼里,因为他有着一定要达成的目标。为了一定要达成目标,他每天都会精力饱满地学习功课,终于以优异的成绩赢得了老师的赞赏与同学们的尊敬。后来,凭着这股一定要达成目标的劲儿,他一步步地走进了世界伟大科学家的行列。

有一天,曾任清华大学航空系主任的数学老师沈元给一群高中生讲了数论中的哥德巴赫猜想，并重点提到，自然科学的皇后是数学，数学的皇冠是数论，哥德巴赫猜想则是皇冠上的明珠。在这群高中生里，有一个叫陈景润的，特别喜欢数学，听完沈元的课后，他就暗暗下定决心，要攻克这一难题。有了这个他一定要达成的目标后，他每天都是精力十足地投入到该课题的研究中去。经过多年的艰苦努力，他率先证明了"大偶数表为一个素数及一个不超过两个素数的乘积之和"。作为证明结果的"陈氏定理"，在国际数学界引起了强烈反响，被称为"辉煌的定理"。后来，由于徐迟写的报告文学《哥德巴赫猜想》广泛传播，使得陈景润成了无数青少年心目中的偶像。陈景润的成功，首先在于他拥有了一定要达成的高远的目标，然后，他能够每天都投入全部的精力和时间去研究，为了实现目标而不懈的努力。

当著名探险家约翰·戈达德还只是美国洛杉矶郊区一个没有见过世面的15岁少年时，他就已经列下了自己这辈子一定要达成的一系列目标，这些目标被他统称为《一生的志愿》。他立下志向和目标包括："到尼罗河、亚马孙河和刚果河探险；登上珠穆朗玛峰、乞力马扎罗山和麦特荷思山；驾驭大象、骆驼、鸵鸟和野马；探访马可·波罗和亚历山大一世走过的道路；主演一部《人猿泰山》那样的电影；驾驶飞行器起飞降落；读完莎士比亚、柏拉图和亚里士多德的著作；谱一部乐曲；写一本书；环游全球……"一共列出了127个目标。在往后的日子里，由于有着众多一定要达成的目标的指引和激励，他每天都在"精力满格"地去行动，为了实现每一个目标而进行着顽强的努力。通过不懈的努力，历经18次死里逃生，他终于实现了这其中的106个目标。剩下的目标他正在实现的过程中，而且后来又不断地加进了一些新目标。在目标的指引下，他每天都活得很精神，很充实，很快乐。

人类的潜力是不可估量的！只要你订下一个目标，然后决定一定要实现这个目标，你就会发现浑身充满了力量，总能精力充沛地为实现目标而努力。很多看似"不可能"的事情，只要你怀着"一定要"达成的决心去行动，往往就能达成目标，创造奇迹。当你真的实现了原来以为不太可能达成的目标后，你说不定会由衷地感慨："原来成功并没有想象得那么高不可攀！"

06
当你决心要做什么人时，就不会缺乏精力

如果你想要学会烘焙点心、面包，并且把点心、面包烘焙得和某位名噪一时的面包师一样好，怎么办呢？你可以按照那位面包师烘焙制作的方法，多练习几次，直到你最终获得成功。如果你能严格按照该烘焙制作方法的各个细节制作，并精心操作，就能取得与那位面包师差不多的好结果，即使你以前从来没有烘焙过。

那位面包师很可能要经过多年的尝试和努力，最后才能获得最好的烘焙制作方法，而你却可以根据他的方法进行操作，获得几乎一样的结果，你还因此节省了好几年的精力和时间。有人问，怎样才能获得那位面包师的制作方法呢？办法太多了。例如，你可以到他店里当学徒、你可以尝试向他购买他的制作方法并承诺你日后不会成为他的竞争对手……如今很多美食达人都喜欢把某些美食的制作方法和过程录制成片，在电视上播放，假如那位面包师也这样做了，那恭喜你，你不用去当学徒或者掏钱购买制作方法了。

有了一个杰出的榜样，向榜样学习，能够节省我们很多精力和时间，就能做到和榜样差距很小甚至几乎没有差距的结果。当你想成为什么样的人时，其实也是同样的道理。例如，当你想成为马云这样的人时，你会全方面、多角度地深入了解马云，看看哪些方面是值得自己学习、借鉴的，这样就节省了所有摸索的精力和时间。当然，最有效的方法还是每天跟在马云身边，用心地向马云学习。可惜这样的机会几乎没有。不过，成功很难复制，即使马云毫无保留地告诉你他是怎么成功的，你也还是要根据自己的实际情况，在行动过程中参考马云的成功之道，而不能复制过来。

有个叫罗迪的法国人，辛苦工作了一月，刚领到工资，就把这些工资全都输在了赌桌上！从赌场出来的罗迪显得很颓丧。他在街上一边徘徊一边想，家里生着病的老母亲正等自己回去买药治病呢，没想到自己这么不争气，落到了这般田地。这时候的他，连抢劫的心思都有了。

他就这样在街上瞎逛。走着走着，他突然发现在街角处有一位算命先生正口中念念有词。当他路过那里时，算命先生叫住了他。罗迪想，反正我也没钱，他爱怎么算就怎么算。然后便向算命先生那儿走了过去。其实，他还真想算一下自己的将来。

没想到，这个算命先生一看到他，就对他说："你可能并不知道，你其实是拿破仑转世，在你以后的人生路上将会有很多苦头等着你吃，但你是不会怕吃苦头的，因为你还有着很大的成就等待着你去创造呢。"

全世界人民都知道，拿破仑在法国是大众偶像。罗迪一听，心想如果自己真的是拿破仑转世，将来必定会有一番大作为。于是，回去以后，他买来了许多关于拿破仑的书籍，入迷地阅读着各种版本的拿破仑传记。然后，他借了一点钱，开始了自己的创业人生。

创业开始后，各种各样的困难不请自来。然而，任何困难都没能让罗迪退缩，因为那位算命先生早就跟他说过了，以后的人生路上将会有很多苦头等着他吃，但只要不怕吃苦头，坚持不懈地努力，后面会有巨大的成就等着自己。因此，罗迪总是精力饱满、积极乐观而又刻苦努力地去做着每一件创业路上必须要做的事情。面对困难、挫折的时候，他从来都没有退缩过。

功夫不负有心人，巨大的精力和时间被他不断地投进去以后，他的巨大回报终于来了。若干年后，他成了法国著名的企业家，他的财富总额名列法国富豪榜的前几名。后来，在接受媒体采访时，他把这个算命先生给他算命的故事讲给了记者们听。故事讲完后，他很平淡地说："我相信那位算命先生肯定不记得他曾对一个年轻人说过的这些话。我想，当时算命先生应该是看到我很颓丧而想帮帮我而已。但说者无心，听者有意。他的话无意中为我找到了一个完美的榜样，为我勾勒出了另一个自己的更为完美的形象。多年以来，我一直都是在模仿那个算命先生给我虚拟的另一个完美的自己，而最终取得了成功。"

罗迪把拿破仑作为自己的榜样，更确切地说，是用拿破仑精神作为自己的榜样。什么是拿破仑精神呢？就是永不放弃，没有"不可能"，只有"一定能"，因此无论面对什么样的艰难困境，都能咬紧牙关向前冲，并最终找到方法闯关成功。

榜样的力量是无穷的！军队里有军事标兵，学校里有学习标兵，工作了有劳动模范，这些都说明了，无论在什么样的行业或场合，都需要榜样。榜样就是标准和冲刺用的终点线。我们向着它冲过去就没错。当我们决心要向榜样学习并且要成为榜样那样的人时，我们总能精力饱满地做事，一步步地向榜样靠近，努力让自己成为那样的人。

罗杰·罗尔斯是美国纽约州历史上第一位黑人州长，他出生在纽约声名狼藉的大沙头贫民窟。在这里出生的人长大后极少有人能获得一份体面的工作。但罗杰·罗尔斯是个例外，他不仅考入了大学，后来还成了州长。在他就职州长的记者招待会上，他对自己的奋斗史只字不提，而只是说了一个对大家来说非常陌生的名字：皮尔·保罗。后来人们才知道，皮尔·保罗是罗尔斯上小学时的校长。罗尔斯至今仍记得这位校长对他说过的那句彻底改变了他命运的话。

罗尔斯刚上小学时和同校的其他孩子没什么两样，经常旷课、斗殴，甚至有时候还砸烂教室里的桌椅板凳和黑板。直到有一天，校长皮尔·保罗对罗尔斯说："我一看你修长的小拇指就知道，将来你会是纽约州的州长。"当时，听了这句话的罗尔斯大吃一惊，因为长这么大，只有他奶奶让他振奋过一次，说他可以成为 5 吨重的小船船长。他记下了皮尔·保罗的这句话，并且相信了它。从那天起，纽约州州长就像一面旗帜，让小罗尔斯的衣服不再沾满泥土，说话时不再夹杂污言秽语，并开始挺直腰杆走路。在此后几十年的时间里，他每天都以一名州长的身份要求自己。到了 51 岁那年，他真的成了州长！

在就职演说上，罗尔斯还说了这么一段话："在这个世界上，信念这种东西任何人都可以免费获得，所有成功者最初都是从一个小小的信念开始的。正是皮尔·保罗校长对我说的那句话，让我拥有了一个坚定的信念，它一直激励着我，使我有了今天的成就。"

皮尔·保罗校长其实是给还是小学生的罗杰·罗尔斯树立了一个人生榜样，希望他能像一个州长那么要求自己。没想到，说者无心，听者有意，小罗尔斯居然真的从此以后下定决心要成为一名州长。通过几十年的努力，他终于梦想成真，成了纽约州的州长。他的榜样虽然不是具体的某个人，但其实是一系列的人，每一个州长都是他的榜样。榜样的力量是无穷的，他通过向州长们学习，以州长的标准要求自己，所以才能成为州长。如果你也想成为什么样的人，不妨先找出这类人里最出色的那几位，以他们为榜样，向他们学习看齐。相信通过努力，你也必定会梦想成真。

第 五 章

做热爱与擅长的事，
会有用不完的精力

01

总是充满激情，就会一直精力充沛

无论是在工作场所里，还是生活环境里，只要我们稍微留心，就能发现，有些人在工作上或者在做某些事情上，总是充满了激情与热忱。更令人叹服的是，这些人总能"沉迷"在所做的工作和事情上，一直都不会疲倦，看起来总是精力充沛的样子。正是因为他们总能把所有的精力与智慧投入到他们所做的事情上，所以，他们总能做出令人惊艳的成果。

美国著名思想家、文学家爱默生说过："没有激情，就没有成就任何事业的可能。"要成就事业，必须要有激情！激情是一种原始渴望，是一种渴望做出成绩、获得成就从而产生的巨大能量。激情在心，再努力你都不会累，反而每天都会神采奕奕，仿佛有使不完的精力。充满激情地去做正确的事，你就一定能赢得你想要的成就。既富含激情又善于执行，你就有可能成就任何伟大的事业。

路易斯·朱利安是一位一直很有激情的女性。当年她初入职场后的第一份工作，是为可口可乐公司的新产品健怡可乐打开欧洲市场。然而，很多人都知道，欧洲人一向都比较保守，喝惯了传统可乐的他们，要去接受作为可乐新品种的健怡可乐，看起来似乎是一件不可能的事。路易斯·朱利安当然也知道这个任务非常艰巨。但是，对于富有激情的人来说，有挑战才符合自己的胃口。所以，富有激情、喜欢挑战的路易斯·朱利安毫不犹豫地接下了这项艰巨的任务，开始想方设法为健怡可乐打开欧洲的市场。

为了早日让欧洲人接受并喜欢上健怡可乐，每一天，年轻的路易斯·朱利安都会工作十四个小时以上。然而，她一点儿也不觉得这份工作很苦，甚至也不觉得累，反而每天都精力饱满地投入到工作中去。为什么她能每一天都精力充沛，工作十几个小时也不觉得很累？因为她很喜欢这份充满了挑战的工作，所以她激情满满、精力充沛。

在她的努力工作之下，终于有一天，当她放下手头的工作走到欧洲的大街上时，她惊喜地发现，满大街的人都在喝着健怡可乐，喝健怡可乐已然成了一种新时尚和新潮流！看到此情此景，她从心底里充满了快乐，收获到了满满的成就感。最终，凭借着满腔的激情、出众的才华和强大的执行力，她圆满完成了为健怡可乐打开欧洲市场这个极为艰巨的任务！

后来，路易斯·朱利安加入了英孚教育公司。在新公司里的每一天，她激情依然满满，精力依然充沛，执行力依然强大。在英孚教育公司工作了18年后，在2002年，当英孚教育公司的创始人贝蒂尔·胡尔特卸任之时，她当上了英孚教育公司的CEO。

山姆·沃尔顿是沃尔玛公司的创办人，他在工作上也极其富有激情。在工作的时候，他总是精力充沛，仿佛有用不完的精力。在60多岁的时候，他依然每天早上4点半就起床开始工作，一直忙碌到深夜。偶尔心血来潮了，他还会在凌晨 5 点访问一些配送中心，并与员工们一起吃早点喝咖啡。

精力充沛的山姆·沃尔顿每周至少有 4~6 天会花在视察分店上。他经常会自己开着自己的直升机，从一家分店飞到另一家分店。为了准备周末上午的经理会议，他通常在晚上 3 点就会到办公室开始工作！在 20 世纪 70 年代的时候，他每年会对每家分店至少访问两次，他甚至对分店里的每位经理和员工都很熟悉。

快 80 岁的时候，他依然激情不减当年，每天精力饱满，像个年轻人一样来回奔走，不知疲惫。有一次，他在南美洲进行市场考察时，竟然像一个孩子似的在货架上不停地上下攀爬，然后被抓到了警察局里！幸好当地的行政长官知道他是山姆·沃尔顿，考虑到他年纪这么大了，很快就把他释放了。

山姆·沃尔顿这样一位在 20 世纪 70 年代就拥有着上百亿美元资产的超级富豪，在年迈时还能如此富有激情、精力充沛地努力工作，这很值得我们借鉴和学习。

微软创始人比尔·盖茨在工作上同样拥有着无人能及的激情，一旦投入到工作里，他就会有使不完的精力，即使每天工作十六七个小时，他也不会感觉到累。在创立微软公司的头几年里，他经常连续工作几十个小时，然后在办公室里铺开简易床，睡上十几个小时，待精力恢复后，他又开始激情满满地投入到工作中去。

因为老板是一个富有激情的人，所以他的公司在招聘新员工时，也希望招聘到一批激情满满的人。所以，微软公司在招聘员工时，有一个很重要的标准：被录用的人首先应该是一名非常有激情的人，对公司有激情，对技术有激情，对工作有激情。有些人可能会感到奇怪，微软怎么会以这样的标准招聘新人？微软的一位人力资源主管一语道出了"天机"："我们不能把工作看成是几张钞票的事，它是人生的一种乐趣、尊严和责任，只有对工作拥有激情的人，才会明白其中的意义。"

事实上，不仅是在微软这样的大公司里，在任何一个企业、组织、团队里，恐怕都没有什么人愿意与一个整天萎靡不振的人合作。同样，也没有任何一个单位愿意招聘一个整天提不起精神的人，更没有一个老板愿意重用一个终日情绪低落、精神状态很差、整日牢骚满腹的员工。

心理学认为，激情来自我们自身的潜质，是我们自身品质、精神状态和对事物认知程度的一种外化表现。从这个意义上来说，我们每个人都富有激情，激情是我们自身潜在的无穷无尽的财富。

激情，能让一个人保持高度的自觉，把全身每一个细胞都激活起来，全力以赴地完成心中渴望的事情。激情是一种强劲的情绪，一种对人、事、物和信仰的强烈情感。激情是职场里一种最为难能可贵的品质，对于一个员工来说就如同生命一样重要。有了激情，一个员工可以释放出巨大的潜在能量，并发展出坚强的个性；有了激情，可以把枯燥的工作变得生动有趣，使自己充满对工作的渴望，使自己产生一种对事业的狂热追求；有了激情，还可以感染周围的同事，拥有良好的人际关系，组建一个强有力的团队；有了激情，可以获得老板的提拔和赏识，获得更多的发展机会。

有一位哲学家说得好："没有激情，人就只是一股潜伏的动力，在等待时机，就如同燧石对铁的撞击，只产生出火星的光亮。"法国大文豪司汤达认为："怀有激情，就会永不厌烦；没有激情，就会乏闷不已。"而英国前首相本杰明·迪斯雷利则指出："人只有在激情的推动下工作时才真正体现出其伟大。"

激情是人生成功的导航仪，激情能让一切不可能变成可能。激情能给我们提供源源不断的动力，激情能让我们精力充沛地不断努力，向着最终目标奋进，直至帮助我们达成目标，功成名就。

所有成功人士都必定是对工作充满了激情的人，因此，他们每天都能精力充沛地投入到工作中去。如果你希望自己取得成就，就一定要让自己心怀激情，充分发挥自己的能力与才华，打造强大的执行力，这样你才有可能赢得你想要的成功，梦想成真！

02

做感兴趣的事时，你会乐此不疲

相信很多人都知道这样一句话："兴趣是最好的老师。"如果一个人对一件事物非常感兴趣，即使没有老师告诉他，他也会主动地想方设法去了解这个事物；如果一个人对一项技能特别感兴趣，他会付出所有时间和精力，甚至不休不眠地去学习，直到最后无师自通。

当一个人在做自己特别感兴趣的事情时，就会乐此不疲。因为所做的事情是自己喜欢做的甚至是渴望做的事情，所以他的内心会为做着这样的事情而激动、然后燃烧自己的激情，在整个过程中他都会特别投入，看起来仿佛两眼不闻窗外事，一心只做手上事，那种废寝忘食的程度，就好像身体里有用不完的精力。

只是，在如今这个社会，越来越多的人做着与自己当初在学校里所学的专业不对口的工作，他们为了生存，也在努力地想做好手上的工作。但当一个人去做自己不感兴趣却又不得不做的事情时，由于总是强迫自己去做好，所以身心都很容易变得疲惫不堪。天天做着这样的工作，一个人是很难做到每天都精力饱满的。也许能够做到来到办公室后的两三个小时内，精力比较好，但随着自己开始做那些不喜欢的工作，心情难免会变得不好，情绪难免会低落，精力难免会不集中、不充沛。

英国著名哲学家、数学家、诺贝尔文学奖得主罗素，其成就世人皆知，但其童年时期的厌世情绪却鲜为人知。罗素出生在一个贵族家庭，他的祖父曾两次出任英国首相。但是，他却觉得自己并不幸福。随着青春期的到来，孤独和绝望徘徊在他心头，让他产生了自杀的念头。最终，对数学的痴迷让罗素逐渐摆脱了自杀的想法。原来，罗素当时对数学非常感兴趣，甚至到了对数学痴迷的程度。

从 11 岁起，罗素就发现数学是一门"妙不可言"的学问。而在往后的几十年时间里，他更是将大量的时间和精力都投入到了钻研数学上去。因此，他不仅从中获得了很大的快乐与享受，也因此取得了令世人瞩目的成就。后来，罗素的兴趣变得越来越广泛，针对战争、和平、教育、伦理、人生等问题都发表过颇有影响力的看法。1950 年，他甚至还戏剧性地获得了这一年度的诺贝尔文学奖。到晚年时，罗素又将兴趣集中到了长篇小说上，于是他又每天废寝忘食，笔耕不辍，一直快乐地写作，快乐地生活，直到九十多岁，与世长辞。正是做了自己想做的事情，很感兴趣的事情，使得曾经非常痛恨生活、非常厌世甚至一度曾要自杀的罗素，后来变成了一个热爱工作、热爱生活的人。

每天都精力充沛，方法有很多，其中一种常见的方法是做自己很感兴趣的事情，从中不断获得快乐、满足感与成就感。如果每天都只是硬着头皮去做自己不喜欢的工作，去做自己毫无兴趣的事情，即使不厌世，也很可能会让自己每天都活得很累很苦。

对很多人来说，工作是其人生很重要的组成部分。以一天为例，工作的时间是 8 个小时，甚至更长。每天，当你再减掉 7~8 个小时的睡眠后，能够真正和你在意的人在一起相处的时间真的少之又少。所以，很多人都在感叹工作令自己苦不堪言，自己每天都像一个陀螺一样，被别人抽一下，才转一下，一点儿也没有发现工作里有什么乐趣。所以，每天下班后甚至下班之前，身体就感觉到非常累，提不起一点儿精神来。

如果每天都有三分之二的时间是在这样的痛苦时光里度过，那人生还有什么意义呢？你是不是也被这样的痛苦纠缠着，很想解脱？那就马上尝试着去找到工作中的乐趣。找到工作中的乐趣是做好工作的关键。如果说智商决定了你专业能力的高低，那仅凭专业能力也不一定就能做好工作。因为，如果没有好的态度，如果觉得工作是一件苦差事，专业能力的发挥也会大打折扣。唯有改变态度，发现工作中的乐趣，这样工作才能真正有乐趣，你才能快乐地工作，充满干劲儿地工作。也正是如此，你才会更容易取得成就。

"新闻摄影之父"、20 世纪最有影响力的摄影大师之一、法国摄影家亨利·卡蒂埃·布列松因拍摄明显矛盾的照片而名声大噪。他的很多照片总是用对比很强烈的手法，给人们带来更多的震撼。例如，他有一幅拍摄于 20 世纪 30 年代的照片，背景是西班牙的贫困地区，照片上是一条向南延伸的小巷，小巷的两边是颓废的墙，墙上布满了弹孔，地上是零乱的碎石。这个场景很容易让人产生伤心、绝望的负面情绪。

与此情景形成鲜明对比的，是巷子里开心玩耍的孩子们。尽管他们的衣着又脏又破又烂，身处的环境又危险又破败，但孩子们脸上天真无邪的笑容，却能让人们很容易忘掉之前看到背景时所产生的负面情绪。这些笑容让看到的人相信，在生命的乱石丛中，依然会有闪耀的快乐。

对照片的拍摄者亨利·卡蒂埃·布列松来说，要拍到这样的照片，也并不容易。为了拍摄这些照片，他深入的可是不毛之地、战火纷飞的角落、远离家人和朋友的异乡。在这样的残酷环境里，他更多要面对的其实是孤独寂寞、忍饥挨饿甚至失去生命的危险。然而他早已懂得，他人生最大的乐趣就是在这不断地发现之中。他找到了自己的乐趣，这种乐趣支撑着他不断地继续下去，每天都精力充沛地去发现。所以，他乐此不疲。

也许有人有过这样的经历，当看到某人取得了某项成就时，他不由自主地感叹道："当初我也是学这个的，要是能坚持下来，也许今天取得这项成就的人就是我了！"可为什么你没有坚持下来呢？因为你没有动力。为什么会没有动力？因为你对此没有兴趣，而兴趣往往是一个人坚持每天都去做一件事情的最大动力！当一个人被迫去做一件自己不感兴趣的事情时，这件事肯定做不好，这个人的内心还会备受煎熬。

如果你想乐此不疲地做一件事情、一项工作，就请选择一件你很感兴趣的事情、工作；如果你不能选择，就不妨换个思路去看待你要做的事情、工作，从你必须去做的事情、工作里发现乐趣。只要你想找，肯定能找到乐趣的。当你找到乐趣了，你会惊喜地发现，这件事情、这项工作，不但不让人讨厌，还让人很想去做，甚至废寝忘食也要去做。

03
你会废寝忘食地做好你热爱的事

有一天，英国女王到著名的格林尼治天文台去参观。在那里，当她得知时任天文台台长的天文学家詹姆·布拉德莱每个月的薪水都很低时，便表示要大幅度提升他的薪水。布拉德莱听了以后，不但没有接受，还恳求女王千万不要这样做。女王连忙问他原因。他回答道："如果这个职位一旦可以带来大量的收入，那么以后到天文台来工作的人，将不会是天文学家了。"

布拉德莱的意思是，当你真正热爱某项工作时，即使给你低薪甚至不给你薪水，你也会废寝忘食地去做；如果一项工作能提供非常高的薪水，那么不喜欢这项工作的人，很可能也会因为钱多而前来从事。然而，把一项工作仅仅当作一项工作来对待的人，尽管能把工作干得差强人意，但却很难把这项工作干得非常出色，更难以成为这个领域里的顶级专家。

如果你问和你关系很不错的同事这样一个问题："你是否非常热爱你现

在的工作？"你得到的答案很可能大多数都是否定的，甚至有些在职场里待久了的人，对他的工作已经深感厌倦！然而，既然这份工作让他那么不喜欢，他又一直都做不出什么亮眼的成绩，他为什么不辞职走人呢？因为他还要靠这份工作带来的薪水生存！

事实上，如果能够换一份让他喜欢的工作，即使薪水低一些，他也会马上就换。但如果工作只是一种谋生的手段，而不是自己热爱的可以乐此不疲地干一辈子的事业，那么无论换多少份工作，依然会干得不开心，更不要说如果一个人干的不是自己热爱的工作，是不可能成就大事的了。

微软创始人比尔·盖茨说过："你只要热爱现在的工作，哪怕你的工作再平凡，也会有伟大的成就。"假如一个人什么事都做得马马虎虎，应付了事，在一个团队里只是扮演"滥竽充数"的角色，那么，同事、上司都不会喜欢他，他也很难成为该领域里的专业人士，长此以往，就会很容易失业，更别说会有什么成就了。而一个热爱工作的人，结果会完全不一样。对工作非常热爱，对落实非常执着的人，会更容易成为专家，成为难以替代的人，会成为同事、上司们都喜欢的人，终将成就一番事业。

在一家世界 500 强企业下面的一个工厂里，有一个很特别的车间，这个车间里的每一个工人经常看起来都是一副无精打采的样子。原来，这个车间是整个工厂里工作最脏最累的，每个被分配到这个车间的人，都认为自己很倒霉，所以这个车间的工作效率是可想而知的差。

有一天，公司总裁突然到这个车间来进行暗访。刚进入这个车间，总裁就已经对工人们的精神状态感到非常不满。总裁看了半天，一边看一边摇头，不停地发出"恨铁不成钢"的叹息声。然而，正当他准备离开时，他却发现工人里有一个小伙子正在异常快乐地工作。只见小伙子看起来神采奕奕、充满活力，还时不时地招呼他人，甚至有时候还高兴得吹起口哨来。

"年轻人，你为什么这么快乐啊？"总裁不解地问他。

小伙子一边忙碌着，一边头也不抬地回答道："因为我热爱这份工作！"

总裁点了点头，表示很认同他的话。因为总裁深知，不热爱这份工作的人，是不可能工作得这么快乐的。总裁再一打听，才知道这个小伙子昨天刚被调往这个车间。在小伙子热爱工作的状态的带动下，其实已经有两三个员工受到影响，开始积极工作了。派这位小伙子进这个车间工作的是厂长。厂长相信，这个热爱工作的小伙子，一定能让这个车间的风气得到巨大的转变，大家会逐渐变得积极向上、愿意做好这份工作的。

无数事实也证明了，当你在做一件你热爱的事情时，你一定会只想着如何把这件事情做到最好，而不会考虑那些与做好这件事情无关紧要的东西。也正因如此，所以热爱一项事情的人，往往更容易成为最大的赢家。

有一家游戏公司举办了一项游戏比赛。比赛组委会规定，最终获得冠军的人，可得到 5 万美元的奖金。游戏的规则非常简单，与普通的"打地鼠"游戏一样：进入游戏程序后，屏幕上显示着九个地洞，上、中、下各 3 个。游戏操作区域相应分布着 9 个按钮，位置排列与屏幕上的完全一致。游戏开始后，会有很多小动物从洞中无规则地冒出来。参赛选手只需根据小动物是从哪个洞里冒出来的然后敲击相应的按钮，就可以得分，敲中一次得一分，依此类推。只要有人在规定的 5 分钟时间内率先得到 500 分，就能赢得冠军并拿走 5 万美元奖金。

5 万美元奖金的诱惑，再加上这种游戏的难度并不大，只要反应敏捷速度够快就行，所以，尽管大赛组委会开出了参赛选手必须交纳 200 元报名费的苛刻条件，还是吸引了很多人前来参加。

随着"开始"声落下，选手们的手指都在游戏机上灵活地敲击了起来。然而比赛才刚开始两分钟，选手们便发现自己当初的想法都错了。原来，尽管大部分选手都能准确地敲击到每一个小动物，但小动物们冒出来的时间间隔却很长。有的选手计算过，前 3 分钟里，小动物平均每一分钟冒出来的次数只有 80 次。也就是说，就算你能准确敲击到每一个小动物，最后也顶多能得到 400 分，与大赛冠军的分数还差一大截。这显然是一场不可能赢的比赛，最终的获益者只能是组织这次比赛的这家公司。

没想到，正当有这样想法的人准备去找比赛组委会理论时，比赛场地里却突然爆出一声惊呼："有人成功了！分数达到了 520 分！"换言之，根据比赛规则，这个率先超过 500 分的人，已经拿到了 5 万美元的奖金。

很快大家便发现，拿到这笔奖金的居然是一个才刚刚 8 岁的小男孩！大家纷纷问他是怎么做到的。结果，小男孩的回答居然是："没什么秘诀啊，我很爱玩这个游戏，所以就一直把游戏玩到底了，别的我真没想过。"大家觉得小男孩的回答太敷衍了，便把疑问抛给了组委会。

组委会解释道："这个男孩说得没错，他的秘诀就是，他把游戏踏踏实实地玩到底了！其实，按照小动物们每分钟出现的次数来算，要想在 5 分钟内得到 500 分确实不可能。然而，这种情况只是在游戏刚开始时才会出现。3 分钟之后，小动物出现的次数将比刚开始时多很多。只要坚持玩下去，率先超过 500 分谁都能获得冠军。令人遗憾的是，你们过于算计，最终没能获得冠军。而他只是单纯地爱玩这个游戏而已，并没有去计算什么，所以，他反而赢了。"

小男孩因为热爱这个游戏，所以从游戏开始以后，就只关注着怎么让游戏给自己带来快乐，而没有去想着输赢，所以，他反而赢了。在追求成功的路上，很多时候也同理，当你热爱你所从事的工作时，当你只关注着怎么做好你的工作，当你废寝忘食地投入到你热爱的工作然后想方设法把工作做到最好时，你肯定能做出一番成就，成为一位大赢家。

04
集中精力，专注地做好一件事情

据美国《财富》杂志报道说，很多人认为比尔·盖茨、乔布斯、巴菲特这些人之所以能够取得如此巨大的成就，是因为他们有着过人的天赋。但是研究发现，一个人的天赋并不是他能否取得巨大成就的重要条件。有些人则认为他们有着很大的背景，例如比尔·盖茨的母亲、巴菲特的父亲，都是成功人士。但事实证明，一个人的先天条件和家庭条件也许会影响到这个人向哪个行业发展，但并不能决定这个人是否能获得成功。

成就一番事业需要的是坚持不懈的努力，并且这些努力是有着明确方向的。很多机构通过研究都发现了这样一个事实：在追求事业上，成功者的一个共同习惯是，都会集中精力专注于一件事情，并且把它做到尽可能好。在没有做到尽可能好之前，他们绝不会半途而废。反观那些平庸者、失败者，则仅仅将事业看成是一项工作，一种谋生的手段而已，所以他们没有集中精力去把一件事情做好的习惯，他们习惯于半途而废，遇到一点困难就放弃。

这，就是成功者与失败者最关键的区别。

从《财富》杂志的分析我们不难发现，如果说成功真有什么秘诀的话，那就是习惯于把自己的时间与精力，都集中到对某件事情的专注和坚持上来。

人这一生，在事业的发展上，最好是沿着专业的方向发展，又或者是沿着行业的方向发展，尽可能不要在专业或者行业之间跳来跳去。盲目地在不同的专业之间甚至行业之间跳槽，是对这个人时间和精力最大的浪费。

当今这个时代，社会分工越来越细，专业越来越多，一个人的精力总是有限，不可能样样精通，也不可能在每一个行业或者专业里都会获得成功。事实上，只要选择某个行业的某个专业，集中时间和精力，长期地干下去，就能一步步地形成与壮大自己的核心竞争力。如今，我们这个社会其实越来越需要专家，而不是杂家。要成为专家，就必须经历一段很长时间的学习、培养、实践。在这个过程中，你越能集中精力，要经历的时间就越短。

为什么很多人在职场发展的路上，或者在追求事业成功的路上，总是集中不了精力，难以做到长时间的专注呢？那是因为这个世界上有太多的诱惑了。大多人在面对诱惑时，都很容易把持不住自己，结果见异思迁，放弃了原来坚持的东西。而那些成功人士呢？他们抵抗诱惑的能力非常强大，所以他们能够将自己一直坚持在做的事情集中精力与时间，专注地往前做着。

例如做了很多年"世界首富"的微软创始人比尔·盖茨，以他的财力成立一家房地产公司、保健品公司或者金融公司，都可以赚大钱，但他都没有这样做，他一直都只是集中精力专注于自己的电脑操作系统和软件的研发，而不被别的诱惑所吸引。

人生的道路上处处充满了诱惑，只有禁得起诱惑，才不至于做一些捡了芝麻丢了西瓜的事。那些后来取得巨大成就的人，都很早就已经明白，什么才是真正适合自己的，因此，他们不会因为利益的诱惑放弃自己的信仰与追求，即使道路再艰险，他们依然坚守着自己的轨道向前进，所以他们最终取得了傲人的成就。

从电灯、电话、蒸汽机、飞机等的发明，到现在电脑、智能手机、无人机等无数尖端高科技产品的问世，无一不是经历过无数次实验的失败，才最终取得成功，然后被发明出来的。倘若那些发明家、科研人员都只顾眼前的利益，而选择了当时的热门或高薪的工作，从而放弃了那些枯燥乏味的重复实验，那么人类社会也不可能像现在这样飞速地发展。

每一次都只集中精力专注地去做好一件事，全身心地投入其中，并积极地希望它能成功，这样你的心里就不会感到筋疲力尽。一定要集中精力与时间，专注于你已经决定去做的那件事，放弃其他所有的事，直到你取得巨大的成就。

世界著名物理学家丁肇中先生仅用了 5 年多的时间就获得了物理、数学双学士，以及物理学博士学位，并于 40 岁时获得了诺贝尔物理学奖。在被问及自己的成功之路时，丁先生是这样回答的："与物理无关的事情我从来不参与。"

居里夫人之所以在科学上取得了如此大的成就，也是因为她是一个终身做事专心致志的人，她的成功再次启示我们：集中精力做好一件事，就容易成功；总是一心二用甚至多用，做不到专注专一，往往一事无成。

人只要能集中精力与时间，专心专一地坚持下去，就能做成许多事情。每个人的潜力其实都非常巨大，只要一个人能集中时间与精力，专注于做好某一件事情，最终必定会做出令自己都将感到大吃一惊的成就来。

　　总之，要做成一件事情，三心二意、心猿意马或朝三暮四、见异思迁是最大的绊脚石。人与人相比，聪明的程度并不会相差很多，但如果集中精力、专注坚持的程度不同，取得的成绩就会大大的不同。最后切记，时时分心之人，总是得不到自己想要的结果；凡做事专心之人，往往成绩卓著。

05
精力珍贵，请用在你的长处与优势上

俗话说："男怕入错行。"其实，在当今这个时代，女也怕入错行啊！然而，因入错行而让自己一事无成的人比比皆是。他们可能是由于不了解自己的长处和优势，可能是因为别的原因，而选择了自己并不是特别擅长的行业与工作岗位。

如果我们把时间和精力都用在我们不是很擅长的事情上，其实就是在浪费我们的人生。让我们来看一些"人间悲剧"：适合当老师的人做了商人，适合做商的人当了老师，适合做程序员的人做了推销员，适合做化学家的人却当了律师，适合当律师的人却去做了医生，做医生的人其实更适合去创业当老板……选择错误的结果是什么呢？付出了很大的精力与很多的时间去努力，却总是成就有限。

每个人的时间和精力，都应该用到最喜欢、最擅长的事业上。选择你最擅长的，热爱你所选择的，这样你所投入进去的时间与精力，都能获得最大的回报。而且，在做你最擅长且热爱的事情时，你一定会乐此不疲，仿佛有用不完的精力，你还会从中收获到很多快乐与成就感。

卡斯帕罗夫 15 岁就获得了国际象棋的世界冠军，如果仅用刻苦与方法正确，很难解释他的成功。但用刚才这些理论来理解，就很好懂了。事实上，绝大多数人在某些特定的方面都有着特殊的天赋与良好的素质，即使是看起来很笨的人，在某些特定的方面也有着杰出的才能。只要在该方面不断投入时间与精力，就一定会取得令世人瞩目的成就。爱因斯坦当不了一个好学生，却可以提出相对论；凡·高各方面都很平庸，但在绘画方面却是一个天才；柯南道尔作为医生并不出名，写小说却名扬天下……

每个人都有自己的特长、优势与天赋，从事与自己特长、优势、天赋相关的工作，只要稍微多投入点时间与精力，就能很轻易地取得成功。如果把时间与精力投入到自己的短处、劣势上，无论多么努力，成就也极其有限，甚至会一直做无用功，最终只会埋没了自己。

阿西莫夫是一位科普作家，同时也是一个自然科学家。有一天上午，他在打字机前打字的时候突然意识到："我不能成为一个第一流的科学家，却能够成为一个第一流的科普作家。"于是，他几乎把全部的精力都放在了科普创作上，并成了当代世界最著名的科普作家。

伦琴原来学的是工程科学，在老师孔特的影响下，他做了一些有趣的物理实验。这些实验使得他逐渐体会到，物理才是最适合自己的事业，后来他成为一名拥有卓越成就的物理学家。

你的精力很珍贵，你的时间很宝贵，请一定要尽可能用在你的长处、优势与天赋上！所有取得巨大成功的人，都是能认清自己与他人的优势，并将自己与他人的优势发挥到极致的人。事实上，与那些取得了巨大成就的人一样，那些在职场或社会上看似普通但却拥有强大竞争力的人，也往往是知道自己的长处、优势在哪里，并花了很多时间与精力去锤炼的人。

以职场为例，任何一个能在竞争激烈的职场上获得良好发展的人，都必定至少拥有一技之长，往往都是不容易被替代的人。为了能成为职场里的成功者，他们很了解自己的长处与优势，并且很懂得怎样去发挥自己所长。所以，他们的职场地位才得以越来越稳固。

素素毕业于一所普通大专学校。临毕业时，深圳华为公司到她们学校来招聘。在同班同学里，素素的综合条件不算是最好的，但她上学期间就已经很注重自己优势技能的发展，所以某些个人长处还是比较突出的——在学校求学期间，她通过参加课外活动与自学，不仅舞跳得好，而且还写得一手好字。最终，华为从200名报名者里优先录用了她，并把她破格安排在了公司企业文化部门，协助文化专员开展工作。这为她后来的发展打下了很好的基础。

亦臻毕业于江西一所高级职业学校，毕业后被分配到松下电器公司的市场第一线去工作。他在学校时专业水平不算很好，也没有其他方面的文体专长，但他对电脑十分感兴趣，并在学校时几乎把所有的精力和时间都投入了进去，所以已经钻研得很深。可以说，无论电脑硬件还是软件，他都已经拥有了专家级的水平。来到市场第一线工作后，他一点儿都没有放弃对电脑的学习与研究。一年后，在松下电器全公司的一次计算机技能大赛里，他荣获了第一名。从此，他在公司里崭露头角，获得了同事和上司们的一致认同。后来，公司根据他的特长，把他调到了营运部负责计算机硬件的维护工作。再后来，他不断得到公司的重用，在公司里的地位不断提升，发展得越来越好。

　　无论是素素还是亦臻，都只是专科院校毕业生在职场发展中很普通的一员，他们之所以能在职场里发展得越来越好，除了有过硬的专业水平外，更有赖于他们自己所独具的优势、特长。

　　在任何竞争激烈的环境里，无论是职场还是别的什么地方，你想要很好地立足，然后获得良好的发展，都必须要拥有自己的核心竞争力。什么是核心竞争力？这是相对于你的竞争对手们来说的。核心竞争力，就是你用来与竞争对手们进行"淘汰战"时的"武器"。如果你的核心竞争力比竞争对手强大，他们就会被你"打败"，你就不会被淘汰。

　　我们以职场为例。例如，一个员工的核心竞争力，就是他相对于大多数员工的优势所在。一个成功的员工，很懂得如何推销自己这个"产品"，并投入相当多的精力进去，要努力将其打造成为一个耀眼的职场品牌。

　　怎么样打造自己的核心竞争力呢？

　　首先，问自己3个问题：我最想做什么工作？我适合做什么工作？我能做什么工作？在找工作之前，我们必须考虑自身的兴趣、价值观、能力、市场需求等各方面的因素，找出它们与职业的最佳结合点，从而为自己进行准确的定位。

　　其次，为公司创造价值。你为公司创造价值，公司为你提供生存、成长、成功的平台。只要你和公司能建立起一个双赢的关系，你在成就自己的路上，能少走很多弯路。

　　第三，扬长避短，发挥优势与长处。把时间、精力集中在自己的优势、长处上，发现、开发、经营和发展自己的长处。任何人都不可能是全能的，大多数人只能在某一个领域里有所建树。事实上，只要能在自己所擅长的领域里做到卓越，你就已经非常成功了。

06
为自己工作，你就会有使不完的劲儿

　　如果你是一名上班族，你很可能会在职场里发现这样一个现象：每一个老板在工作上都非常努力，还有一些并不是老板而只是员工的人，也很努力，每天只要工作起来，总是神采奕奕的样子，仿佛公司是他开的。而在职场里，发展最好的，除了老板，就是这样的员工。

　　为什么会这样呢？因为当一个人把工作看成是事业，而不是职业时，他已经走在了成功的路上；当一个人正在为自己工作时，他身上会有使不完的劲儿！怎样做才是在为自己工作？自己当老板，或者自己不是老板，但拥有"老板心态"。老板心态的一个具体表现，就是把工作看成是事业，而不是职业。

　　"老板心态"不是当老板才有的心态，不是老板的专利。当然，老板一般都拥有"老板心态"。老板知道自己是为自己工作的人，为自己工作的人往往都好像会有用不完的精力，使不完的劲儿。老板知道，越努力工作，自己的回报会越大；越努力付出，对自己的未来越有帮助。所以老板能每天精力饱满地做事，甚至经常加班加点地工作，而乐此不疲。

不仅是拥有"老板心态"的老板，拥有"老板心态"的员工，也会每天都表现出这样的工作状态。因此，这两类人都是职场里的赢家。

"打工心态"就是把自己定位为一名打工者，具体表现就是，只为薪水而工作，老板给自己多少薪水，自己就干多少工作。拥有"打工心态"的人经常会说的一些话是："公司又不是我的，这么努力干什么？""老板给我多少钱月薪，我就干多少工作，天经地义。""我理解的敬业，就是不迟到，不早退，公司的规定我都好好遵守，绝不违反。""打工嘛，不是为了薪水，又是为了什么？"

在"打工心态"支配下的人，很难做到总是神采奕奕地工作，很难主动去加班加点地工作，遇到问题往往会想着怎么逃避，要担当责任时常常会想着应该把责任推给谁……为什么会这样呢？因为拥有"打工心态"的员工，总觉得上班就是在为别人工作，所以不必太努力，差不多就行。也正是因为他们有着这样的想法与做法，所以他们很难得到重用。

戴尔·卡耐基曾指出："把职业当作与老板之间的交易是极为痛苦的事情。如此对待职业，第一，你已经将自己置于被动的、被剥削的地位，注定是职场中的剩余者，永远没有归属感，没有方向没有根，永远是职场中的漂泊者。第二，你不会注重工作中的人际关系，你会觉得每一位同事都是你的竞争对手，你会想方设法将他们一一打压。长此以往，同事们对你避之唯恐不及。最终，你没有朋友，只有敌人，你成了职场中孤立的那一个。第三，你会注重工作中的利益得失，只要付出就想得到，没有回馈就绝不多付出一份辛苦，付出了得不到就会抱怨，甚至想跳槽……结果，没有人会重用你。"

李文和赵武是同学。毕业后，两个人马上结伴来到上海闯荡。他们前往同一家公司应聘，又很幸运地同时被录取了。这是他们人生的第一份正式工作，两个人都满怀憧憬，希望在工作中做出一番成绩来。但是一个月后，情况却开始发生变化。

"现在这份工资，还没有我上学时做兼职赚得多呢！但要做的工作却比我干兼职时多得多，还累得多。"李文说。

"工资是不高，但以前兼职只是能赚到一些钱而已，并不能学到系统的技能，所以，我们还是踏实点儿做事吧。"赵武说。

"我们出来工作不就是为了赚钱吗？如果赚不到钱，我还不如回家睡大觉呢。"李文撇撇嘴说，"如果还是这样干得多赚得少，我看我们需要换一份工作了，我们不能在这里浪费时间，损失金钱啊！"

"刚参加工作不都是这样吗？哪有一进入职场就能拿高薪的？退一步说，即使我们要走，也先在这里学一点儿真本事，然后再走啊！没有真本事，去到哪里都领不到高薪吧？"赵武劝告李文说。

但李文仿佛没有把赵武的劝告听进心里去。在接下来的日子里，李文开始抱着"给多少钱就做多少事、当一天和尚撞一天钟"的"打工心态"混日子，每天过得倒也算清闲。又过了一个月，李文觉得这里实在没"钱途"，便领完工资就走人了。临行前，李文想让赵武跟着自己一起离开，但赵武拒绝了。赵武说他想继续在这里干下去。

在 5 年后的同学聚会上，两个人终于见面了。李文看上去没什么变化，甚至在这群同学中显得有点儿寒酸。

"你后来去哪了？"赵武问他。

"天下老板一般黑，都在压榨我们的价值！我现在在一家小公司，最近公司遇到了点儿困难，待遇变差了，我准备再换一家。你呢，现在怎么样了？"

"我还在原来那家公司。来之前去了趟车展，准备买辆车，等聚会结束陪我去看看，帮我参谋一下怎么样？"

"什么！你都要买车了？中彩票大奖了？"

"我现在是那家公司的技术总监，其实那里的待遇还不错，前提是要有过硬的技术。当初你要是能再坚持一下就好了。"

李文听完赵武的话，目瞪口呆，心里很不是滋味。

在进入职场后，李文就把自己定位在了打工者上，所以一直被"打工心态"所左右，于是心里想着的只是给多少薪水就干多少事，付出不多却总想着加薪，多付出一点儿就觉得自己亏了，一旦对公司产生了不满后，就想着跳槽。这样的人，怎么可能在工作上有干劲儿呢？怎么可能会在职场上取得成功呢？

而拥有"老板心态"，认为是在为自己工作的人，在工作时会格外投入，投入就会产生激情，激情能使人的大脑变得分外活跃，就能从工作中学到更多知识，积累更多经验，就能从中挖掘到巨大的价值与财富。

拥有"老板心态"的人，最经常问自己的一个问题就是："如果我是老板，我会怎样做？"所以，他经常会表现得"比老板还老板"！

当老板要与竞争对手大干一场的时候，他马上会去把对方的情况、底牌等想方设法摸个一清二楚，并在合适的时候适当地向老板提出一些自己对竞争对手的看法，而且说得有理有据，思路和结论样样精辟；

当老板考虑如何降低成本的时候，他立马会着手研究公司的运作流程，抢在别人前面拿出一套可行性的、可提升效率、降低成本的策划方案；

当老板为人事问题烦恼的时候，他又会去向一些自己认识的人力资源主管取经，然后从各个角度为老板提供合理化建议；

总之，他总能与老板保持步调一致，想老板之所想，急老板之所急，做老板之想做。这样的人，就是标准的拥有"老板心态"的人；这样的人，每天都精力充沛地工作，仿佛有使不完的劲儿；这样的人，必定会不断受到老板的重用，拥有一个很好的未来。

第 六 章

每晚睡得香，
精力饱满又健康

01
丢失了睡眠，等于丢失了健康与精力

有一天，笔者出去办点儿事情。由于那天我的车刚好限号，所以选择乘坐地铁出行。刚坐到地铁的座椅上，就听到旁边有两位男士正在聊天。其中一位看起来大概 30 岁的男士正在对他旁边穿着黑色西服的男士大倒苦水："最近我心情很郁闷。三个月前，我进入一家新公司上班。对于这份工作，我非常满意。可是，由于刚去那里上班，为了给大家留下一个好印象，我几乎天天加班。于是作息时间就变得很不规律了。由于压力越来越大，我最近竟然经常失眠！"

"有这么严重吗？工作压力能大到哪里去？怎么会令你经常失眠呢？再说了，你还这么年轻，一两个晚上不睡觉应该都没问题啦。"穿着黑色西服的男士说道。

"刚开始我也是这么想的，但没有失眠过的人根本不知道其中的滋味。每天晚上辗转反侧，第二天就会感觉精神非常疲劳，然后记忆力也开始明显下降，工作效率也大不如从前了。后来更是整天昏昏欲睡、无精打采的，学习、开会的时候还会打盹。再后来，即使是在家里看电视，靠在沙发上就能睡着，但躺床上却又精神了。"

"那周末呢？也睡不着吗？"

"我原以为周末会好一点儿，没想到闲下来后更睡不着了。只要我躺到床上，就会开始胡思乱想，却又不知道自己究竟在想些什么。"

"那你有没有试过吃一些安眠药之类的呢？"

"我还真的去找医生，想开一些安眠药了。结果我跑了好几家医院，可是医生们给我开的都是安定类的安眠药。听朋友们说，安眠药有很大的副作用，而且安眠药有抗药性与依赖性，就是药量越来越大，效果越来越差。所以，我最终决定，不吃安眠药。"

听到这里，穿黑色西服的男士便劝大吐苦水的男士说："身体是革命的本钱，不要一心扑在工作上，而应该劳逸结合，给自己的心灵放放假。否则，既丢了睡眠，又丢了健康，最终损失最大的还是你自己！"

睡眠是每个人的健康需要，也是每个人应享有的基本权利，但快节奏的生活却正在"吞噬"着人们越来越多的睡眠时间。而"睡不好觉"很容易带给我们各种疾病，甚至缩短我们的寿命。社会发展到今天，知道健康的重要性并且让自己保持健康状态的人越来越多。然而，依然有无数人经常做损害自己身体健康、损耗自身精力的事情。

当你早上来到办公室后，看到一个同事坐在那里，两眼无神，眼中充满血丝，或眼袋很深，或精神恍惚，你肯定明白，对方睡眠显然不足，可能是严重失眠或熬了一夜造成的。每个正常人都知道睡眠非常重要，因为晚上睡不好，白天肯定没有精神。只是很多客观或主观的因素，令我们连好好睡一觉都做不到。

笔者曾在一本健康杂志中看到过这样一个词："24 小时社会（24-hour society）"。看到这个词时，我明白了有很多人连一个优质的睡眠都拥有不了的一个主要原因。"24 小时社会（24-hour society）"这个词最早出现在西方发达国家，指现在的大都市就像是一台 24 小时不停运转的大机器，身处其中的人们正夜以继日地在这个"大机器"里奔波劳碌着。尤其是"夜间工作、玩乐，白天困倦、睡觉"这种长时间日夜颠倒的生活状态，导致这些人严重的睡眠不足，睡眠质量很差。当一个人经常睡眠不足、睡眠质量太差时，身体会受到巨大伤害，精力会受到巨大损耗。

现代医学研究发现，正常人每天应该睡 8 个小时左右，如果每天睡眠时间减少 1~2 个小时，属于轻度睡眠剥夺；减少 3~4 个小时，属于重度睡眠剥夺。每天睡眠不足 4 个小时的人，其死亡率比每天睡七八个小时的人高 18%；经常睡眠不足 4 个小时的人，很容易生病。如果一个人连续 72 个小时不睡觉，很可能会精神失常。

如果一个人长期睡眠不足、睡眠质量太差，相当于是不断地欠下身体健康的债。我们不妨称之为"睡债"。当"睡债"越积越多时，疲劳得不到消除，会逐渐增加，从而令人产生诸多不适的症状。

睡眠对人的身心健康是何等重要呢？形象地说，睡觉的过程就像是手机的充电过程，是人体恢复精力所必需的手段，由于有专门的神经中枢管理睡眠，所以在睡觉时，人脑只是换了工作方式，但却能储存能量。

古人曾说过："不觅仙方觅睡方……睡足而起，神清气爽，真不啻无际真人。"这句话正是要告诉世人，充足的、优质的睡眠给人带来的快乐，万金难买。人一生中有三分之一的时间是在睡眠中度过的，睡眠作为生命所必需的过程，是机体复原、整合和巩固记忆的重要环节，是健康不可缺少的组成部分。几乎每个人在忙碌了一天之后，都需要美美地睡上一觉。难怪英国大文豪莎士比亚曾用诗一般的语言称颂睡眠是："受伤心灵的药膏，大自然最丰盛的菜肴。"

睡眠作为一种重要的医疗辅助手段，近年来早已进入了人们的生活。其实，这种手段的重要作用，古代就已经有一些人明白了。例如，以精通三教九流著称的清代学者李渔就曾在《闲情偶寄》中写道："养成之诀，当以睡眠居先。睡能还精，睡能养气，睡能健脾益胃，睡能坚骨强筋。"这句话所要表达的核心意思，与我们如今常常说到的一句养生谚语"药补不如食补，食补不如睡补"其实是一个道理。

总之，今夜睡得好，明天精力好。睡眠是人体充电的最佳时机，长期缺乏睡眠必然会导致体力透支、精力匮乏、身体疲劳。经常睡眠不足，容易使人忧虑焦急，免疫力下降，产生种种疾病，如神经衰弱、感冒、胃肠疾病等。换言之，丢失了睡眠，就等于丢失健康的身体和旺盛的精力。

02

"垃圾睡眠"令你精神萎靡百病生

你是否经常在每天早上自然醒以后，还不想起床，而是想着再"赖一会儿床"？你是否经常在晚上看电视剧、听音乐或者在互联网上玩游戏时睡着了而不自知？你是否经常工作日期间每个晚上都失眠，或者熬夜，然后到了白天和双休日，就找时间补觉？你是否因为工作压力大而晚上经常加班，然后在高强度的工作结束以后，马上入睡？你是否会常常强迫自己按"时间点"晚上上床睡觉、早上起床，但这个"时间点"却总是在变？

上述这五个问题，如果你有一个以上的回答是"是"，那么你目前的睡眠已经陷入"垃圾睡眠"的状态了。"垃圾睡眠"（Junk Sleep）这一词源于英国，是英国睡眠委员会发明和最开始使用的一个术语，特指睡眠时间不足、睡眠质量低的问题。英国睡眠委员会指出，"垃圾睡眠"与"垃圾食品"（Junk Food）一样有着很大的危害性，已经成为近年来英国民众尤其是英国青少年健康生活方式的两大"杀手"。

我们国内每个大城市里，都有为数不少的人，正在被"垃圾睡眠"伤害着。这些人群里既有青少年，又有中年人，甚至还有老年人。

每一个形成了"垃圾睡眠"习惯的人，长此以往，都容易变得精神萎靡、百病丛生。具体来说，"垃圾睡眠"对人的身体健康都有哪些主要危害呢？

第一个危害是，容易患上"失眠抑郁症"。当我们的睡眠变成"垃圾睡眠"后，就很容易令自己精神萎靡、情绪低落、工作质量下降、做事效率低下，原本很棘手的事情可能因为没有了优质的睡眠，而更加做不好；做不好时就会选择熬夜加班。长此以往，便形成了恶性循环。陷入了如此糟糕的状态后，绝大多数人都会心情抑郁、死气沉沉，又或者坐立不安、烦躁不已。这样既经常失眠又总是抑郁的状态，就是典型的"失眠抑郁症"。得了此症的人群，严重的甚至还会有轻生的念头。为了让自己远离"失眠抑郁症"，一定要学会每天都让自己睡一个好觉。如果睡得好，人就会精力充沛，心情愉悦，就不会抑郁。

第二个危害是，容易习惯性脱发。有些人每天早上起床后，在梳头时会发现自己的头发大把大把地脱落。遇到这种痛苦的人，想过很多护发的方法，却都收效甚微。当我们30多岁甚至20多岁就开始大量脱发时，我们是否想过，罪魁祸首其实是"垃圾睡眠"？尽管睡眠时间的长短与脱发看起来并没有明显的关系，但是脱发却与睡眠质量密切相关。充足、优质的睡眠可以促进皮肤及附属毛发的正常新陈代谢。因此，脱发的人群请尽量做到每天睡眠不少于6个小时，要养成定时睡眠的习惯，保证睡眠的质量。这样，脱发的症状必定会得到缓解。

第三个危害是，让人冒出"啤酒肚"。很多人以为整天大鱼大肉，经常山吃海喝才会让人有"啤酒肚"。其实，"啤酒肚"产生的根源，很可能是我们已经形成"垃圾睡眠"的习惯。当一个人"睡不好，心里烦，还有很多工作没做完"，就会熬夜加班工作。即使好不容易睡着了，也会经常做梦，因为脑子里总想着还没有完成的工作。

第四个危害是，容易丢三落四。如果你摆脱不了"垃圾睡眠"，往往会变得很容易丢三落四。例如，早上出门上班时，发现自己忘记带昨晚已经做完的营销方案，于是赶紧回家，但到了家里以后却想不起来自己忘记带什么了！又如，在部门每日例会上，眼神总是容易涣散，回答问题时反应迟钝、经常出错。老板刚刚交代的工作，望着老板离去的身影却突然忘记了。想要摆脱这样的状态，关键在于摆脱"垃圾睡眠"的困扰，让自己拥有优质、足够的睡眠，因为只有保持清醒和睡眠的自然周期，才是最可靠的能长久促进记忆力发展的好办法。

第五个危害是，打呼噜患咽炎。"垃圾睡眠"容易让人打呼噜。容易打呼噜的人，不但自己睡得不解疲乏，还容易把别人吵醒。留心那些睡觉容易打呼的人，你会发现他们有时候是自己把自己憋醒的，而长期打呼噜，可能会在睡觉时出现呼吸暂停或窒息的严重情况，以及屡次突然惊醒。这些现象在医学上被称为阻塞性睡眠呼吸暂停综合征，日久可致肺源性心脏病，导致心力衰竭。每天晚上打呼噜，第二天起床后会发现头痛口干，整天没精神，注意力下降，情绪不好，易急易躁易怒。

第六个危害是，潜在患上癌症的风险。长期被"垃圾睡眠"折磨的人，如果不想办法改善自己的睡眠，很可能会向患上癌症的方向发展。而要避免自己往这种方向发展，就必须让自己远离"垃圾睡眠"，让自己拥有优质、规律的睡眠。

睡眠障碍从入睡困难程度来细分，可分为三种情况。第一种是"终点睡眠障碍"，在这种情况里，入睡并不困难，但睡眠持续的时间不长，到了后半夜经常容易醒来，然后就很难再次入睡了。老年人、高血压患者、动脉硬化患者、精神抑郁患者，往往容易出现这种状况。

第二种是"间断性睡眠障碍"，在这种情况里，入睡也不困难，但同样容易惊醒，还经常做噩梦。例如，消化不良的中年人容易有这种状况。

第三种是"起始睡眠障碍"，在这种情况里，入睡很困难，要到后半夜才能睡得着。通常精神紧张、焦虑不安、恐惧不已的时候，就会有这种状况的出现。

以睡眠障碍的性质来划分，则可分为生理性睡眠障碍和病理性睡眠障碍。前者是指由于环境、情绪、饮食、娱乐、药物等引起的睡眠障碍。后者是指由于呼吸系统疾病、消化系统疾病、神经系统疾病等因素造成的睡眠障碍。

了解了"睡眠垃圾"和它对我们造成的主要危害，以及睡眠障碍产生的原因等知识后，我们不妨看看自己的睡眠是什么样一种状况。当你找出了"病因"，就能对症下药，让自己拥有优质、充足的睡眠了。当你每天都睡得又香又甜，就必然能每天都精力充沛、健康快乐！

03
拒当"睡眠骆驼"：经常熬夜，精气神损耗巨大

如果你是都市里的上班族，应该不会对加班与熬夜感到陌生。加班不一定会对身体有什么危害，但熬夜一定会对身体造成伤害。

常小茶是一位对工作很认真努力的图书编辑，她有一个工作习惯——喜欢晚上工作，且经常工作到凌晨两三点钟。亲人劝过她很多次，认为经常这样熬夜工作，对身体健康很不利。但她一直就没把大家的劝告当一回事。奇怪的是，虽然她工作很努力，但效率并不高。

她的薪水是由基本工资加上稿费组成的，稿费是按字数计算的。而她每个月的薪水都处在编辑部所有成员工资里的中等水平。事实上，好几位稿费比她领得多的编辑，都没有像她那样天天晚上熬到深夜地工作。

她的亲人对这件事很不理解，认为她每天熬夜到凌晨两三点，其实并没有真的在工作，大多数时候都只是在 QQ、微信上聊天。她感到很委屈，觉得亲人冤枉了她。因为她确实是在很努力地工作，只是脑袋整天都昏昏沉沉

的，所以效率不高。再说了，自己天天熬夜工作，也是为了多挣点儿钱，减轻一些家里的负担。

有一天，她向一位好朋友诉苦。这位好朋友是一位医生。听了她的遭遇后，这位医生朋友给她分析说，她可能已经进入了一个作息的误区。任何一位脑力工作者想要工作得更高效，都必须学会科学地用脑。要想提高大脑的工作效率，就必须把觉睡好。如果一个人长时间熬夜工作，不但会影响大脑的作息机制，损害大脑和身体的健康，工作效率也不会高。

人其实都有"早睡早起"的作息规律。人的大脑也遵循这一规律，所以大脑在白天会清醒，晚上则需要休息。只有这样，大脑才能处于一种平衡的兴奋状态，从而有益于大脑的休整和功能的发挥，有益于脑力工作和身心健康。

常小茶听完医生朋友的分析后说，道理都懂，但已经习惯了熬夜工作，很难改变。医生朋友说，再难也要改变啊。最后，医生朋友给常小茶提了三条建议，如果她能做到，一定会改善她的睡眠质量。

建议一，真正、充分地认识到熬夜的危害性，这样才能自觉地不去熬夜。其实，每个人都知道熬夜对身体是不好的，只不过有些人是感受到过熬夜对身体的巨大危害，而有些人则没体会过，所以才会经常熬夜。一旦知道了熬夜的千般坏处，不熬夜的万般好处，就一定会强迫自己不去熬夜。

建议二，让自己规律性作息。别总想着把工作留到深夜才去做，应该按计划完成，能在白天完成就尽量白天完成。如果每天的工作计划都在白天完成了，晚上就不需要也没有借口让自己熬夜了！

建议三，在还没能完全摆脱熬夜之前，一定要利用工作日的中午休息时间和周末双休日时间，尽量把睡眠补回来。

常小茶听从了这位医生朋友的建议，开始遵从医嘱，虽然还没能完全改正过来，但已经有了很大的进步。而且她的工作效率提升了很多。

在大城市里，除了一批像常小茶这样经常爱熬夜工作或者娱乐的人外，还有另一类更不把熬夜对身体的巨大危害当一回事的人。这类人经常会做的一件事就是：连续工作几十个小时，或者连续玩乐几十个小时，然后再连续睡觉十几个小时。

很多工作狂也有着这样的工作与休息习惯，例如很多程序员就有着这样的作息习惯。据公开报道显示，微软公司的创始人比尔·盖茨在创业阶段，就是经常连续工作几十个小时，然后累到极点时就直接在办公桌底下睡在一张简易床上，一觉睡十几个小时。

这种连续工作几十个小时然后连续睡十几个小时的作息习惯，有点儿类似于骆驼的饮食习惯。骆驼通常会大吃大喝一次后，然后好几天不吃不喝。于是，有人便把这类人称为"睡眠骆驼"。

刘同今年28岁，年轻有为，刻苦能干，年纪轻轻就已成了某知名网络公司的核心技术人员，从事软件开发项目。他经常喜欢连续几十个小时地工作，一鼓作气地把工作干完，所以半夜三四点睡觉对他来说已是家常便饭，有时候，他把工作做完时，窗外已是旭日初升。而到了周末，刘同往往会关掉手机，回家洗个澡，然后在舒服的席梦思上进行连续20个小时以上的深度睡眠。

我们很容易就能发现，刘同是典型的"睡眠骆驼"。然而，人和动物还是有很大的不同的。骆驼自有骆驼独特的生活方式，骆驼的驼峰里贮存着脂肪，这些脂肪在骆驼得不到食物的时候，能够分解成骆驼身体所需要的养分，满足骆驼的生存所需。

人类也有人类的生存规律。从古到今，人类都是日出而作，日落而息的。就睡眠来说，人类的睡眠其实是一种"生物钟"现象，必须符合生理规律。像刘同这种几天连轴转，而后睡得昏天暗地的做法，长此以往，必将对身体造成严重的损害。例如，补睡一定会打乱人体的生物钟，造成睡眠节律的紊乱，进而变成慢性失眠。

"睡眠骆驼"们通过减少睡眠的方式，便有了更多的时间用于工作或者娱乐，看起来仿佛很划算。殊不知，减少睡眠，表面上看是透支了时间，本质上是在透支生命。经常日夜颠倒，拼命工作，最终只会害了自己。从健康角度看，长期睡眠不足，将会损害肝肾功能，破坏新陈代谢系统，降低人体免疫力。

如果现实所迫让你不得不在某段时期内成为"睡眠骆驼"这一类型的人，为了健康着想，你也还是要学会见缝插针地补补觉。

最后，笔者还是要老生常谈地提醒大家，年轻时努力拼搏固然很值得提倡，但在拼命工作时，还是要注意一下自己的身体，千万别以透支健康的代价来换明天。所以，能够不当"睡眠骆驼"，还是尽可能不要当。

04
睡眠时间过短或过长，都很难精力饱满

我们都知道，睡眠时间过短，肯定不会让我们精力饱满。如果经常睡眠时间过短，还会让我们身体健康出现问题。我们在睡觉的时候，还会遇到这种情况，就是在正熟睡的时候，突然被别人叫醒了。这种情形下的睡眠，也是睡眠时间过短的情况。

有一年春节，我计划外出旅游。我提前买好火车票，做好了出行的准备。临出发的前一天晚上，睡得特别沉，差点儿错过火车，幸好我事先让家里人提前叫醒我。

被叫醒后，我匆忙地穿衣、洗漱，然后钻进了早已等候在门外的预约出租车里。由于睡得过香，又是在睡梦中被叫醒，脑袋昏昏沉沉的。

待我上了火车，找到了卧铺后，刚想安静地休息一下，结果同一列车厢里，突然传出来了一道婴儿的哭声，整个车厢都能听清楚，婴儿的妈妈怎么哄都无济于事。有位大姐过去一问，才知道这个婴儿原本睡得很香的，结

果却被火车上的各种混杂的声音吵醒了，所以才哭闹不止。要知道平常这个婴儿都是早上八九点才起床。看来这个婴儿遇到了和我一样的问题，睡到一半就被叫醒了。这种身体很难受的感觉，我早上刚刚体会过，所以很清楚。

在熟睡时突然被叫醒，这种感觉是很不好的。但幸好我也只是偶尔才会经历一次，而对于一些职业的人来说，却是经常会体验到的。例如，最常见的轮班待命的医生。有些医生曾告诉我说，半夜起来的反应的确比白天来得慢，所以总是提醒自己要更谨慎地下判断。

睡得好好的，突然就被叫醒。如果这种情况经常发生，这个人很可能会因为免疫系统被改变而很容易生病，也可能会因为交感神经与副交感神经不平衡，进而自主神经受损，产生心悸、盗汗的症状。睡眠经常被突然剥夺的人，体内血糖的耐受度会大大降低，从而造成胰岛素抗阻，然后产生新陈代谢症候群，甚至是高血压、糖尿病等。

如果我们正在熟睡中，却突然被叫醒或者吵醒了，怎么办呢？被叫醒后不能马上起床，最好多躺 5~10 分钟，想一些愉快的事情，让大脑慢慢回过神来，这样大脑的其他功能便会随着渐渐苏醒。然后，我们坐起身体，先缓缓吸气，仿佛吸到头顶，再将所有的气都吐出来，停两秒钟后再做一次。

这样做了以后，我们一定会感觉神采奕奕。接下来，我们离开床，喝一点儿开水（温开水最佳），然后用冷水洗一下脸，让头脑更加清醒。也可以来一套简单的伸展操，试着放松肌肉，促进血液循环，唤醒身体的其他部位。这一系列的步骤操作下来，一个人即使是在深夜 4 点钟突然被叫醒，也不会头脑发晕、神志不清。

接下来我们谈一谈睡眠时间过长，是对身体很有益还是非常有害。

有位国内著名的养生专家被某企业邀请去给该企业的中高层管理人员进行了一次有关提高睡眠质量的讲座。讲座将近尾声时，企业老板向专家提了一个问题："您总是强调要补充睡眠，可我每天差不多要睡上 10 个小时，第二天起床时依然觉得昏昏沉沉、无精打采、精力不足，还不如一天睡六七个小时更让我精力充沛。这是为什么呢？"

专家微笑着回答老板："其实您每天只需要睡六七个小时就足够了，为什么还要多睡两三个小时呢？"

老板还是疑惑不解："是吗？但我为什么总是觉得自己睡得不够呢？"

专家耐心解释道："其实，睡觉和吃饭的道理是一样的。吃饭我们强调只吃七八分饱，睡觉也一样。只要觉得自己睡醒后头脑清醒，精神感觉良好，就起床吧，即使只睡了五六个小时也无妨。而每天睡的时间过长，对我们的健康也是有危害的。"

"睡的时间长了，也会对身体健康造成危害？"

"是的！像起床后产生昏昏沉沉、精神不振的感觉，正是躺在床上的时间太长而导致的结果啊！"

专家结合老板提出的这个问题，给大家点出了睡眠时间过长会给我们身体健康带来的三个主要危害。

（1）每天睡眠时间过长，容易使人智力下降，越睡越懒。

很多人以为，如果身体感觉很疲劳，那就多睡觉啊。其实这种看法并不完全正确。想要消除疲劳，补充睡眠确实是一个好方法。但补充睡眠的时间也要适可而止，一旦时间过长，人心脏的跳动就会减慢，新陈代谢率会降得很低，肌肉组织会松弛下来，让人感到腿软、腰骶不适，周身无力。久而久之，人会变懒、浑身无力，甚至智力下降。

（2）每天睡眠时间过长，更容易患糖尿病、中风、老年痴呆症。

美国一家健康研究机构的研究人员在对 9 万多名 50~79 岁的女性进行了长达 7 年半的调查后发现，每天睡眠超过 9 小时的人患中风的可能性比睡 7 小时的人要增加 70%。南京脑科医院的一位专家介绍说，老年人的血液黏稠度比较高，如果睡眠时间过长，会导致血液黏稠度增加，而血液黏稠度的增加就容易诱发中风等脑血管疾病。调研又发现，睡眠时间不足 6 小时，患糖尿病的风险会增加约 2 倍；睡眠时间超过 8 小时，患糖尿病的风险会增加 3 倍。

（3）每天睡眠时间过长，容易患呼吸道、心脏以及消化系统疾病。

通常睡了一晚后，卧室里的空气会变得污浊。污浊的空气里含有大量细菌、病毒、二氧化碳和尘埃，容易削弱呼吸道的抗病能力，产生诸如感冒、咳嗽等症状。睡眠时间过长，容易破坏心脏休息与运动的规律，心脏一歇再歇，会使心脏收缩乏力，稍一活动便心跳不一、心慌乏力。过长的睡眠会令人无法按时进餐，胃肠发生饥饿性蠕动，从而打乱了胃液分泌规律，影响消化功能，进而引发消化系统疾病。

总之，睡眠时间过短、在熟睡过程中被突然叫醒、睡眠时间过长，都很难让人拥有饱满的精力和健康的体魄。

05
规律、优质的睡眠，助你天天精力充沛

有养生专家研究发现，所有长寿的人都是很会睡觉的人。事实上，如果你留心观察一下你身边那些 80 多岁、90 多岁的老人，就一定能发现，他们的睡眠都非常有规律，而且往往睡眠的质量都比较好。

笔者的一位邻居，年轻时曾是一位解放军战士，参加过解放战争。无论是转业成为乡镇干部开始，还是到 60 岁退休后，他一直都保持着艰苦朴素的作风，吃的是简单的粗茶淡饭，喝的是自己家种的、自己制作的农家茶，一年四季早起早睡，晌午打个盹就完事，从来没有出现过所谓的老年人一停下来就会睡觉的现象。老爷子 80 多岁还可以上山砍柴、下地种菜。正是这样的生活作息习惯，让他一直都少病无忧地生活着。如今，他已经 93 岁了，依然能上山采茶，然后带回来炒茶、晒茶！

其实不止这位老爷子，现在很多 80 多岁的人，都很懂养生之道，生活作息非常规律。再来看看我们现在的很多年轻人，他们的作息习惯简直就是

在对自己身体健康的自我摧残。很多年轻人经常上网玩游戏，玩个通宵达旦还不罢休；有些人上了一天班，回家不睡觉，而是泡在互联网上，一直玩到凌晨两三点才去睡，结果第二天上班时一点儿精神都没有；还有一些人很喜欢过各种丰富多彩的夜生活，经常会玩到凌晨两三点甚至天亮了，才回家睡觉，结果白天哈欠连天！这些人生活很没规律，作息很不定时，所以身体健康都受到了严重的影响，经常看起来都是一副萎靡不振的样子。这样的生活方式，再加上饮食上也很不健康，这类人如果不进行彻底的改变，那么别说活到 90 多岁了，也许活到 70 多岁甚至 60 多岁都成问题吧！

医学研究早已发现，对于每个人来说，睡眠既是补充、储备能量、消除疲劳、恢复体力的主要途径，又是调节各种生理机能、稳定神经系统平衡的重要环节；睡眠充足，就可以获得新的精力与体力。

规律、优质、充足的睡眠能够最有效地安养我们的精气神，而精气神越好，我们精力越饱满。从生理学角度来说，精气神是指一个人良好的精神状态；从中医学角度来说，精气神是指五脏六腑藏精、生气、保神等方面的功能。从中医学角度所说的"精气神"，其实也包括了从生理学角度上说的"精气神"，重要的是，睡一个好觉，对两种意义上的"精气神"都很有益处。

那么，具体来说，我们应该怎样才能通过规律、优质、充足的睡眠，让我们把自己的"精气神"保养到最好的状态，从而让自己每一天都精力饱满？建议大家像下面说的那样去睡觉。

（1）每天晚上 11 点之前，一定要上床睡觉。

从中医学的角度来说，睡觉其实就是在养阳气。如果一个人能在晚上11 点之前就熄灯，然后上床睡觉，那么这个人就能因此而生发阳气，很好地提升身体内的精气神。《黄帝内经》里面说到，子时（夜里 11 点到凌晨 1 点之间），胆经当令。这时候正是阳气开始生气之时，如果一个人能在晚上 11 点前睡觉，就对其身体内的精气神有着很好的滋养作用。甚至可以说，子时把睡眠养住了，对一天乃至一辈子都非常重要。

中医学理论认为，胆是决断之官，为了生存，我们每天都会有很多"谋虑"的时候，如为工作而谋，为前途而谋，为家庭而谋，为人际关系而谋等等。如果子时不睡觉，必会伤害到我们的"决断之官"，影响到我们的精神状态及判断力，对身心健康都不利。

（2）每天晚上 11 点至凌晨 5 点之间，最好进入深度睡眠状态。

《黄帝内经》说到，丑时（凌晨 1 点到 3 点之间），肝经当令。在这个时间段里，我们一定要有一个好的睡眠，否则我们的肝就养不起来。因为在这个时候，阳气虽然已经生发起来，但我们一定要有所收敛、有所控制，也就是说，升中要有降，所以要想养好肝血。丑时，也就是 1 点到 3 点之间一定要睡好，最好是已经进入到深度睡眠里。否则，如果在这一时间段里睡不好，第二天情绪会有很大的变化，容易发火，与人发生冲突。这皆是因为肝与怒气相关，养不好肝，就会很容易发怒、生气、抑郁！

凌晨 3 点到 5 点这个时间段，是寅时。《黄帝内经》说，寅时，肺经当令。在这个时间段里，人体的气血开始由静转动，而这一过程，往往是通过深度睡眠来完成的。如果我们睡眠质量不好，甚至不睡觉，那我们的气血将得不到很好的养护，从而会影响到我们身体精气神的收藏、生长等。熟悉中医理论的人都知道，肺与忧思密切相关，所以在寅时不好好睡觉的人，白天容易忧虑，敏感，产生判断的错误。所以，在寅时，也就是凌晨 3 点到 5 点之间这个时间段，一定要让自己进入深度睡眠。

（3）每天中午 11 点到 13 点之间，最好小憩一会儿。

中午 11 点到 13 点之间这个时间段，是午时。《黄帝内经》说，午时，心经当令。在这个时间段里，最好是能够小睡一会儿，这样下午一定能神采奕奕。更重要的是，午休一会儿，既可以保养身心，又能滋养精气神，所以下午才会有充足的精气神去做事。

懂医学常识的人都知道，心脏乃五脏六腑之大主，心好，人体内所有器官的功能运转才会好，包括五脏六腑所藏的精气神才能得以收藏、生发、充盈、通畅。所以，对于普通人来说，睡一个优质的午觉就显得颇为重要了。

总之，每天晚上只要你保证了自己在上述时间段里进行良好的睡眠，其实就相当于你在帮自己的身体补充能量，恢复精力，养阴培元，进而掌握睡眠养生要诀，然后踏上简单易行地让自己每天都精力饱满的健康大道。

06

睡眠质量越好，体内"免疫大军"越强大

　　老马是互联网行业的资深从业人员几乎都知道的编程高手，关键是他的创新能力很强，由他牵头开发出来的好几个互联网产品，如今都已经被网民们广泛应用。这样一位人才，自然受到了老板的器重。老马虽然每天工作都很忙，但公司给他的各种待遇、福利都极其好。老板还聘请了特别专业的设计师和工程施工人员，把老马工作的办公环境与生活的家庭环境，都装修得非常豪华、舒适。

　　至于饮食起居，更是被照料得无微不至。甚至每天，他都是吃各种保健品，做各种保健按摩，还有专人当他的生活助理，帮他搞定生活里诸多的健康细节……这，简直都快赶上国宝级的享受待遇了。然而，生活环境优越、每天还又保健又养生的他，最近却总是感冒发烧，还时不时地生个小病。对此他很不理解，为什么自己已经如此被照顾了，还会生病呢？甚至，还总是小病不断！

他去看医生时，正好这位医生不但医术高明，在养生方面也颇有研究与实践，所以就从健康的更高层面跟老马分析了起来。了解了老马各方面的大致情况后，医生问老马，你每天睡眠都好吗？

老马回答道，不好，因为工作太忙，有很多工作还特别赶，所以我每天基本上只能睡三四个小时。但公司已经给我配备了很多有助于我放松和休息的健身设备，而且还给我聘请了两位私人助理，当我实在太累又刚好有空闲时，他们就会帮我做做按摩，替我搭配好各种健康食品，并为我挑选保健食品。这些都很好，唯一不好的是，我总是睡眠不足，我真想好好地睡上个三天三夜啊！

医生说，您的保健设备都配备得很好，有专人为你经常按摩，替你管理你的健康，这些都非常好。然而，如果你没有办法让自己每天都真正地进入深度睡眠的状态，你就会生病，因为睡眠总是不足，睡眠质量太差，你的免疫力就会下降。

最后，医生给老马开出来的"药方"是，保证每天睡 8 个小时，并且每天晚上 11 点以前就上床睡觉。医生建议老马，今天回去后，马上向老板申请，每天能同意你睡足 8 个小时。只要你能好好睡觉，什么保健品都不用吃，什么按摩都不需要做。老马听从了医生的建议，回去马上就这样办了。现在，老马每天都精力饱满地工作，也几乎没有生过病了。

这个案例告诉了我们，优质、充足的睡眠，对免疫力的提升非常重要。而身体免疫力好，才不会生病。

很多人都知道"免疫力"这个词，但要让人准确理解其含义，除了相关专业人士，恐怕没几个人能做到。准确来说，免疫力是人体自身的防御机制，是人体识别和消灭外来侵入的任何异物（病毒、细菌等），处理衰老、损伤、死亡、变性的自身细胞，以及识别和处理体内细胞突变和病毒感染细胞的能力，是人体识别和排除"异己"的生理反应。简洁而通俗地理解，免疫力是人保护自己，让自己不生病、衰老慢、更长寿的体内力量。

世界上最早提出"免疫"这个词的，是我国明朝医书《免疫类方》。此书首次提出了"免疫"一词，意指"免除疫疠"，意思是防治传染病。这与当今临床医学上所说的"免疫力"其实有着异曲同工之妙。

医学发展到今天，越来越多人知道，提升免疫力的方法非常多，而其中睡眠则是提升人体免疫力的一个重要方法。无数事实证明，睡眠质量的好坏，对一个人免疫力的强弱有着很大的影响。有医学实验证明，人在有了优质、充足的睡眠后，其血液中 T 淋巴细胞与 B 淋巴细胞的含量均有明显上升。而淋巴细胞正是人体免疫力的主力军，这也意味着机体抵抗疾病侵袭的能力得到了加强。

近年来，又有医学实验证明，通过采用催眠的方法，可以增加人体血液里淋巴细胞的含量，从而增强人体的免疫力。

前面提到，我国的中医在明朝开始就已经关注到免疫力了，并且还有了自己的一套提升免疫力的方法。

（1）从保养五脏六腑的角度看。

睡眠能让五脏六腑"休养生息"，从而让免疫力强大。一个人如果想每天都健健康康、精力饱满、几乎不会生病，就一定要保养好五脏六腑。睡眠质量高，睡眠充足，就能很好地保养五脏六腑。中医理论认为，五脏六腑是人之根本，能藏精，生气，养血，生津。而人体的气血通畅、充盈，能使人的五脏六腑功能强健。而五脏六腑健康，人体的气血津精才能更加充盈，活动力更强，人体各种机能才能得到更好的保护，让营卫之气能更有力地抵抗外来的侵袭，所以这就从根本上援助了体内的免疫力，保证了我们身体的健康。

（2）从人体阴阳平衡的角度看。

从中医学理论角度看，健康的睡眠符合阴阳消长规律。人体阴阳平衡了，身体将会更健康。熟悉中医学的人都知道，中医讲究阴阳平衡，只有阴阳平衡，万物才能规律地存在于这个世界之中，人只有阴阳平衡，才能免疫力强，健康长寿，极少生病。

据说，植物往往是白天吸取阳光的能量，然后夜里生长，所以夜晚在农村的庄稼地里能听到庄稼拔节的声音。人类和植物同属于生物，细胞分裂的时间段大致相同，错过了夜里睡觉的良辰，细胞的新生速度就会远远赶不上消亡速度，免疫细胞也将受到破坏，于是人就会过早地衰老，或者生病。

因此，在睡眠这件事情上，作为人类，我们一定要顺应自然，跟着太阳走。

（3）从时辰与当令脏腑的保养的角度看。

古人把一天分为 12 个时辰，每个时辰和我们的五脏六腑以及经络密切相关。这 12 时辰，每一个时辰都有一个经、一个脏腑值班，所以，我们要针对每一个不同的时辰来保养其相对的脏腑。依照次序锻炼经络才能符合气血盛衰和经络运行的规律。关于这一点，上一节我们已经有所介绍，这里就不再详述。

总之，如果你能每天都进行健康、充足的睡眠，就可以使当令的脏腑得到滋养，从而有助于气血运行和经络运行，有助于脏腑功能的强健，保证了阴阳平衡，增强了抵抗外邪的能力，以及人体的免疫力。

第 七 章

好的饮食习惯，
换来一身好精力

01

想要每天神采奕奕，离不开科学的饮食

当今世界，物质越来越丰富，生活压力也越来越大，结果人们的幸福度并没有增加多少。相反，由紧张生活和膳食不合理所带来的各种慢性疾病却不断增多，同时发病年龄还不断年轻化。可喜的是，现在人们的健康意识越来越强了，很多人都开始追求健康的生活方式了。但在这样的情况下，又产生了新的问题。

近年来健康养生的观点太多了。君不见，书店里摆满了五花八门的健康养生类书籍，互联网、电视、书刊等媒体上有着形形色色的健康讲座。在各种书籍和各种讲座里，提出了各种各样的健康养生观点和饮食营养主张。

看完这些书，听完这些讲座，大家都不知如何是好了。在这个方面，笔者认为我国著名心血管专家、健康养生专家洪昭光的建议最值得采纳。洪昭光认为，说到健康饮食，不必刻意，没必要过分讲究什么样的食品是健康食品，更不必被各种各样千奇百怪的说法弄得团团转，怎么吃比吃什么更重

要。当然，也不能随意，而应该吃得适量，搭配合理，这才是科学健康的吃法。

具体来说就是，五谷杂粮、蔬菜水果、鲜肉蛋白、海味山珍（这里的海味，主要是指鱼、虾、螃蟹之类；山珍，主要是指蘑菇、香菇、金针菇、木耳之类。）都吃一点儿，吃到七八分饱。而最科学、健康的膳食方案，无疑是世界粮农组织提出的 21 世纪最理想的科学膳食结构方案。该方案其实用六个字足以概括："一荤一素一菇。"具体来说就是，每一顿饭里最好有一道荤菜、一道素菜，再加上含有"菇"的菜或汤。"菇"是指蘑菇、香菇、金针菇或者黑木耳、海带等。

有一位中科院院士在一次体检时发现自己的胆固醇、血糖都偏高。于是，医生给他列了一个单子，说因为他胆固醇高，所以有 20 多种东西不能吃；又因为他血糖高，还有 40 多种东西不能吃。加起来，他有 60 多种东西不能吃。院士听从医生的吩咐，坚决不吃那 60 多种东西。没想到半年后，在又一次体检时，院士发现自己居然营养不良，严重贫血！不过，如果知道他有 60 多种东西已经半年不吃了，就一定能理解他为什么会营养不良，严重贫血。

院士后来遇到了洪昭光，问该怎么办。洪昭光建议他做到两点，第一点是，什么都吃。想吃什么就吃什么，爱吃什么就吃什么。什么都吃，就什么营养都有了，因为营养是互补的，世界上没有任何一种食物能满足人的所有需要，所以什么都吃，营养才能齐全。同时更要谨记第二点，那就是吃什么东西都要适可而止。有些东西可以尝尝味道，可以吃一口或者偶尔吃一次，但切记一定要适可而止，否则过犹不及，危害健康。院士采纳了他的建议，结果身体渐渐好了起来，现在已经比较健康了，看起来也总是神采奕奕的，学术研究上的劲头就更足了。

饮食适可而止，才会身体健康，精力饱满。其实，我们现在已越来越能意识到"饭吃七八分饱"的好处，也能体会到吃得过饱对身体的危害。要想身体好，吃饭不过饱。大脑是无节制饮食最大的受害者。吃得过饱时，会使大脑反应迟钝，加速大脑的衰老。

相信不少人都有过这样的感觉：吃得过饱，容易精神恍惚、昏昏沉沉。这是为什么呢？因为吃得过饱，肠胃负担过重，血液都去支持肠胃了，从而导致大脑供血不足，得不到足够的能量来维持正常的运转，所以才会出现精神恍惚等症状。而在消化系统工作时，大脑其实也得不到休息，必须连续发出消化所需的复杂指令。所以，大脑既血液不足又得不到休息，自然会产生困倦、疲累的感觉。因此，在吃饭时，最好是吃七八分饱。这样对身体和精力上都是最有好处的。

身体健康、精力充沛，无论对工作还是学习，都是最有帮助的。所以，绝大多数上班族和在校学生，肯定都想知道，如何饮食，能让自己可以保持清醒与精力充沛。因为已经有很多人明白，每天，我们吃什么样的食物，喝什么水、汤或饮料，对我们的精力与体力有着非常大的影响。最近有营养学家研究发现，稳定的血糖供应对人的意志力有很大的帮助。该营养学家通过大量实验，分析总结出，如果想要保持清醒，无论是想精力充沛地完成下午的工作，还是晚上熬夜加班，最好是每间隔三个小时就吃一小份精益蛋白质和健康的碳水化合物。这样吃，能让身体持续消化并稳定的给血液输送糖，这对保持头脑警觉也很有帮助。

脂肪和碳水化合物含量高的食物容易导致疲劳，如果想让自己头脑清醒，请尽量少吃。要保持头脑清醒，还可以尝试包含低脂奶酪的全麦饼干，加上一小把坚果和一小份葡萄干。吃水果也是帮助保持清醒的好方法。

喝冷水可以帮助我们保持清醒。身体缺水容易让人感觉疲劳，且使人思维变得不清晰。此外，喝水还会迫使人从忙碌的工作里中断一会儿，这能防止眼睛疲劳。此外，四处走动一下也有助于保持清醒。

喝咖啡因饮料并不是让人保持清醒的最佳方法。它虽然能提供短期能量爆发，但大量消费咖啡因后，往往很快会导致能量崩溃，并让人的身体在其他时间里感觉更加糟糕。糖则是一个坏的选择，因为它会让能量崩溃的速度更快。尽管咖啡因和糖都能帮助我们保持一到两个小时的清醒，但考虑到长期的影响，还是适可而止。

科学、正确的饮食只是保持清醒、体力充沛的一个组成部分，我们还应该经常走动。经常中断工作，然后休息一下，这是很有必要的，因为眼睛疲劳和久坐都会导致身体的困倦。

总之，想要身体健康不生病，想要每天神采奕奕，就离不开科学、合理的饮食。在后面的内容里，我们会详细介绍，从而帮助自己身体健康，每天都精力饱满。

02

早餐这样吃，精力充沛一整天

民以食为天。人类社会发展到今天，已经有越来越多人明白，每天早上吃一顿营养、健康的早餐，是多么的重要。即使是那些经常不吃早餐的人，其实也懂得早餐的重要性。这一点，从越来越多人知道这样一句谚语可以看得出来："早餐要吃好，午餐要吃饱，晚餐要吃少。"吃一顿好的早餐，能让一个人精力充沛一整天，让人工作高效，身心更健康。

已经养成了每天吃早餐这个习惯的人，自然知道长期不吃早餐对身体的危害。事实上，很多不吃早餐的人，也明白必须要吃早餐，否则长久下来，身体一定会出问题。只不过，这些人总是有这样或那样的理由，让自己没能每天都吃早餐。之所以会这样，最重要的原因是，他们并没有真正明白，若是一直不吃早餐，健康会远离他们！

想让自己精力充沛一整天，不但要吃早餐，还要会吃早餐。在最佳的时间段里吃早餐，吃对身体好的、能让你精神一整天的食物，懂得科学搭配食物，知道哪些东西早上不能吃。能做到这些，就可以称得上是"会吃早餐"的人了。

（一）吃早餐的最佳时间

基于无数事实，医学研究发现，早上 7 点到 8 点之间吃早餐，是吃早餐的最佳时间。为什么？因为在这个时间段里，人的食欲最旺盛。以上班族或者在校学生为例，这些群体一般都是早上 6 点多起床，然后到了早上 7 点左右，胃和肠道就已经完全苏醒，消化系统开始运转。这个时候我们吃早餐，最能高效地消化、吸收食物的营养。另外，吃完早餐之后，最好是 4 到 5 个小时后再吃午餐。如果早餐吃得比较早，那么最好是多吃一点儿，又或者将午餐的就餐时间相应提前一点儿。

（二）适合早餐吃的一些常见食物

无论是健康实践还是医学研究，都证明了以下的这些常见食物，非常适合当早餐：

全麦面包。虽然在国内的各大中城市里，每个地方早上吃的食物都可能不一样，例如有些地方会吃包子、油条、蒸饺，有些地方会吃肠粉、河粉、米粉，但要吃这些食物，都需要到外面的餐馆甚至路边摊吃。通常，很爱卫生又比较赶时间的人，比如上班族、在校学生还是会选择面包作为早餐的主食。在所有的面包种类里，全麦面包最好，因为它富含大量的维生素、纤维素和矿物质，对身体健康最有好处。全麦面包是一种粗粮，糖、脂含量极低，对人体的肠胃健康非常有益，吃多了也不会发胖，反而可促进体内毒素排出，更有利于健康。

鸡蛋。美国营养学院研究发现，早餐吃富含蛋白质的食物的人，饭后四五个小时都不会有明显的饥饿感，而那些吃早餐时不吃蛋白质的人，吃完早餐后，可能两三个小时后甚至一两个小时后，就会产生饥饿感。而早餐吃鸡蛋最容易为自己补充优质的蛋白质，因为鸡蛋的蛋白部分含有大量的蛋白质。要注意的是，鸡蛋一定要煮熟了再吃，因为生鸡蛋内有细菌；还有，鸡蛋不宜多吃，因为鸡蛋既是高蛋白也是高胆固醇的食物，胆功能不好的人更要注意，切勿多吃。

牛奶。现在越来越多人在吃早餐时会喝上一杯牛奶。这是很好的做法。要知道，牛奶的主要成分是水、脂肪、磷脂、蛋白质、乳糖、无机盐等；牛奶含有丰富的矿物质，据分析至少有 100 多种；牛奶里还含有丰富的活性钙，是人类最好的钙源之一。所以，喝牛奶对身体健康和补充精力，都非常有帮助。

豆浆。在很多地方，人们都有早上喝豆浆、吃鸡蛋、吃油条的习惯。豆浆确实是对身体健康非常有益的一种饮用食品。豆浆里的蛋白质、硒、钼等都有着很强的抑癌和治癌能力，尤其对胃癌、肠癌、乳腺癌等有特效。据一些健康机构调查研究发现，不喝豆浆的人患上癌症的概率要比常喝豆浆的人高 50%。榨完豆浆后剩余下来的豆渣同样对身体健康很有好处。据科学家研究发现，豆渣里含有较多的抗癌物质"异黄酮"，经常吃一点儿豆渣，能大大降低患上癌病概率。此外，豆渣里除了含有丰富的蛋白质、纤维素，还含有大量的钙，每 100 克豆渣中大约含有 100 毫克的钙。豆渣里的脂肪含量很低，经常食用可以防止肥胖。

菠菜。科学研究发现，每天早餐吃点儿菠菜，能起到抗衰老、护大脑的作用。菠菜对女性的健康和美丽更有帮助。其实很多女性都已经知道，菠菜是女性食物中的圣物，它茎叶柔软滑嫩、味美色鲜，含有丰富的维生素 C、胡萝卜素、蛋白质，以及铁、钙、磷等矿物质。菠菜里还含有女性比较容易缺乏的矿物质——镁。镁在人体内的作用是将肌肉中的碳水化合物转化为可利用的能量。所以，如果有条件，不妨在早餐食谱里加上一道菠菜，尤其是女性。

酸奶。早晨的时间总是很紧迫，不可能做得太丰富。想要营养大大提升，不妨在摄入足够的碳水化合物后，再喝一杯酸奶。因为酸奶是由纯牛奶发酵而成，除保留了鲜牛奶的全部营养成分外，在发酵过程中乳酸菌还可产生人体营养所必需的多种维生素，如维生素 B1、维生素 B2、维生素 B6、维生素 B12 等。酸奶有着提升免疫力、预防肠道感染、改善胃肠功能的作用，还可促进肠道蠕动，利于通便。

（三）下面这些搭配，都能成就一顿完美的早餐

刚才我们介绍了几样常见的早餐食物。我们当然不是建议你只吃这几样食物，事实上，要真正做到会吃早餐，让早餐真正对自己的健康和精力有特别大的帮助，还要学会科学、合理的搭配。不过，无论你早餐是吃哪一类搭配的食物，都先记住一点，在吃早餐前，先喝一杯 500~800 毫升的温开水，这样既可补充一夜流失后的水分，还可以清理肠道。当然，不要在马上要吃早餐的时候喝，而是洗漱完之后就喝。然后过一会儿，再去吃早餐。

回到早餐搭配上来，一顿好的早餐，往往由以下三类食物搭配而成。

第一类是粮谷类食品。这类食品富含碳水化合物，具体的有米粥、面条、面包、馒头、花卷、豆包、麦片、包子、馄饨、饼干等。碳水化合物是血液里葡萄糖的主要来源，是大脑所需能源最直接、最快捷也是最清洁的供应者，是营养早餐里不可缺少的组成部分。

第二类是蛋奶类食品。这类食品富含蛋白质，具体的有鸡蛋、牛奶、豆浆、酸奶、咸鸭蛋、火腿、肉类等。早餐里如果没有富含蛋白质的食物，那么血液里葡萄糖的浓度会很快下降，失去后劲，从而让人变得无精打采，还很饿。所以，早餐一定要有蛋奶类食品。

第三类是蔬果类食品。这类食品富含维生素与矿物质，具体的有新鲜蔬菜、水果或果汁等。这类食品是对早餐质量的提升，早餐时吃点儿蔬菜水果，更有利于营养平衡。

（四）早餐要尽量避免以下这些吃法

我们知道了早餐应该怎么吃，吃哪些后，还要了解一下早餐什么样的食物不能吃，或者尽量少吃。

早餐最好少吃豆浆加油条。在很多地方，人们都习惯了豆浆加油条这样的早餐搭配。其实，油条是高温油炸食品，跟烧饼、蛋饼、煎饺等一样都有油脂偏高的问题。食物经过高温油炸之后，营养素会被破坏，还会产生致癌物质。油条的热量比较高，油脂比较难消化，再加上豆浆也属于中脂性食品，这样的早餐搭配组合的油脂量是明显超标的，所以不宜长期食用。

昨晚的剩饭剩菜尽量不要吃。很多上班族为了让自己早上节省更多时间，便在昨晚做好了饭菜，以便让自己第二天早上用微波炉热一下就能吃；他们甚至会带一盒昨晚做好的饭菜到单位，然后中午用微波炉热一下，当作午饭吃。有很多家长同样会给自己上学的孩子这样做，也就是在昨晚就把饭菜做好，或者多做一些，好让今天早上甚至中午，孩子都有方便的饭菜吃。很多人认为，这样的早餐（甚至包括午餐）制作方便，内容丰富，基本与正餐无异，通常被认为是营养全面的。殊不知，饭菜隔夜后，蔬菜里很可能会产生亚硝酸（一种致癌物质），吃进去之后会对人体健康产生较大的危害。

尽量少吃各种西式快餐。在城市里，汉堡包、油炸鸡翅等一向是时尚人群的饮食偏好。而且现在不少快餐店也提供此类早餐，如汉堡包加咖啡或牛

奶、红茶，方便快捷而且味道也不错。然而，这种高热量的早餐很容易导致
身体肥胖，而且，油炸食品长期食用对身体健康很有危害。假如经常用西式
快餐当早餐，那么你的午餐与晚餐就必须食用低热量的食物，否则，一段时
间后，很容易让身体素质变差。另外，这种西式早餐存在着营养不均衡的问
题，热量比较高，但却往往缺乏维生素、矿物质、纤维素等营养。如果你一
定要选择西式快餐作为早餐，那一定要搭配上水果或蔬菜汤等，以维持营养
均衡，保证各种营养素的摄入。

　　总之，想要精力充沛一整天，早餐一定要吃得种类丰富，营养全面，饮
食均衡。怎样搭配才能达到这样的效果呢？要有富含碳水化合物的粮谷类食
品，以补充足够的能量；要有蛋白质丰富的蛋奶类食品，以及能为我们补充
维生素、矿物质的蔬果类食品。

03

会喝水精力足，不会喝水要受苦

在生活中，我们要表达对一个人的关心时，尤其是对身体不好的人，经常会这样说："记得多喝水，多喝点儿热水。"如今，越来越多人懂得了喝水的重要性，"水是最好的药、一天要喝八杯水、感冒了要多喝热水"等观点已经深入人心。只不过，水也是不能乱喝的。会喝水，能让你身体健康，精力充沛，皮肤好有光泽；不会喝水，不但会让身体受害受苦，甚至会中毒生病，危及生命！

有一年夏天，欧洲特别热，北欧也不例外。由于大多数年份的夏天，北欧也不会很热，所以大多数居民家里都没有安装空调。那一年的酷夏，北欧很多人为了消暑，喝下了大量的饮用水，结果纷纷出现身体不适，很多人因此病倒了，住进了医院。这些人的病因，通俗来讲，就是"水中毒"。

据《钱江晚报》报道，宁波有一位 50 岁的老师在体检时查出患有肾结石。于是，医生便跟他说，喝水有助于医治结石。从此以后，这位老师每天只要有空就会拿起杯子喝水，每天都至少要喝 10 瓶水，也就是 10 斤重的水。没想到，喝了半个月之后，有一天忽然晕倒了，然后住进了 ICU 病房（重症加强护理病房）！这位老师的状况，也是"水中毒"。

过量饮水会提高血液中的含水量，降低含钠量，进而导致盐分和水分不平衡。当严重失衡时，便会产生"低钠血症"，出现脑肿胀、头痛等症状。我们都知道，汗是咸的。出汗比较多的时候，除了体内的水分会流失，身体内以钠盐为主的电解质也会随着汗液排出体外。这个时候，我们往往会感觉到口渴，于是便开始大量地喝水。然而，这恰恰是一个误区！因为我们饮用的那些纯净水，不但无法补充我们体内流失的电解质，还会进一步稀释我们体内电解质的浓度。于是，这就导致了我们体内的水与电解质的比例开始失衡，从而令身体产生不同程度的应激反应，结果就出现了上面所说的"水中毒"的一些症状。

当然，身体健康的人无须担心遭遇到"水中毒"，而经常从事重度体力劳动的人、常常进行体育训练的人、有精神疾病的人，以及肾脏、心肺功能不太好的人，就需要警觉了。不过，即使我们身体再健康，也还是要学会正确地喝水，切勿过量喝水，也别乱喝水。因为健康的人如果水喝多了，也会令脾胃功能不正常，产生病变。

有个体形偏胖的人，平时血压偏高，经常服用降压药。有一次，他听说多喝水能稀释血液浓度，于是便天天强制自己喝许多的水。结果造成食欲不振，胃部总觉得不舒服，身体还变得疲劳，精神也变得很不好。他去看医生。医生告诉他，这就是喝水太多造成的。以后要学会合理地喝水，而不要过量喝水，否则过犹不及。

恰当的喝水量可以帮助肾脏清除钠、尿素以及毒素，而过量的饮水则意味着肾脏的过滤量更大，就会添加肾脏的负担。不但如此，过量喝水还会导致心肾受损，带来极其严重的后果。会喝水的人精力足，不会喝水的人容易疲劳，损害身心健康。

除了刚才提到的喝水误区，常见的还有两个误区。其一是喝水太快。有些人由于太渴，所以会鲸吞式地喝水。结果由于喝得太快，胃肠里短时间内突然冲进来了大量的液体，心脏、肾脏等器官的负担会突然加重，从而很容易引发头痛、水肿、血压升高等症状。其二是喝水太过冰凉。在炎热的夏天，冷饮自然会大受欢迎。然而，当体温比较高时，建议大家不要喝5℃以下的饮品，因为温度过低的凉水和饮料，都会深深地刺激胃部，导致胃痉挛、腹泻等。

那么，我们应该什么时候喝水，才最科学合理呢？在生活中，大多数人往往都是在感到口渴的时候，才想起来要喝水。其实，当我们感觉口渴的时候，便说明身体已经比较缺水了。对于成年人来说，当体内水分流失量达到自身体重的2%时，便会口渴。对于儿童来说，水分流失量达到自身体重2~5%时，身体便开始做出反应，提示你该喝水了。

当人体在缺水的状态时，会有各种各样的生理和心理上的不良反应与症状。在生理上，例如会出现没有食欲、皮肤干燥、声音嘶哑、浑身无力等症状；在心理上，会产生压抑感，会变得无欲无求，萎靡不振。例如，在酷热的夏季里，由于身体大量出汗，导致体内水分流失严重，结果根本就没有进食的欲望，只想喝水。相信你也有过这样的经历。

会喝水的人不会等自己口渴难耐的时候才想起来要喝水，他们会时不时给自己补充水分。遵循这样的一条原则：少量多次，每次喝水以100~150毫升为最佳，间隔为半小时喝一次，小口饮用要比大口猛灌更加解渴，这样也更有利于身体的吸收。

专家们发现，在一天 24 小时里，喝水的最佳时间有四个时段，分别是每天清晨起床后，上午 10 点左右，下午的 3~4 点，以及晚上睡觉前。

睡觉时，虽然身体停止活动进入休息状态，但人体内各种系统还是正常运行的，而我们的呼吸、皮肤油脂的正常分泌、肾脏的正常运动、尿液的产生等都会消耗我们身体内的水分，如果身体内缺水，我们很可能会被渴醒。所以，在睡前半小时的时候，最好喝一小杯水，这样就不会出现由于身体缺水而被渴醒的状况。

清晨起床后喝一杯水，这些水分只需要 20 秒就可以进入到血液里，使血液迅速稀释，从而迅速改善身体在夜间缺水的情况。除此之外，还可以唤醒肠胃，早上起床后通常是没有食欲的，而一杯温开水却可以改善不少。

我们每天喝白开水是最好的，因为白开水是最符合人体需要的饮用水。美国科学家研究发现，烧开的自来水冷却到 25~30℃时，氯含量最低，水的生物活性也有所增加，容易透过细胞膜，能促进机体新陈代谢，增强免疫功能，提升机体的抗病能力。

我们平时经常喝的饮料、果汁、浓茶、咖啡等饮品，都不能代替白开水成为我们的饮用水。饮料、果汁里虽然含有水分，但含糖量过高，不但对人体健康不利，为了消化代谢这些东西，人体还需要消耗更多的水分！茶和咖啡里含有咖啡因，有利尿的作用，不利于补水。

正常人每天应该喝多少水才合适呢？喝多少算是过量呢？我们经常会通过各种消息渠道了解，我们应该每天喝 8 杯水。那这 8 杯水究竟是多少？是和 5000 毫升装的矿泉水瓶子容量相当的杯子，还是那种只能装 50 毫升工夫茶水的小茶杯？

据《中国居民膳食指南（2016）》建议，每人每天应当摄入至少1200毫升的水，具体的饮水量可以根据每个人的体质、所处环境、天气、运动量和工作性质的不同而有所不同。例如，夏天在户外工作的人，因为出汗比较多，饮水量至少应当达到2000~3000毫升；而冬天出汗量比较少，1200~1500毫升就足够了。而正常情况下的8杯水，每杯大约是200毫升。而不同人因为代谢功能也会有所不同，对水的需求自然也会千差万别。这就好像同样是植物，绿萝可以养在水里，而芦荟只要稍稍往里多浇一点儿水，根就会烂掉。

其实，喝水无须太过于拘泥，不用过于刻板。不过，有5类人在喝水这个问题上要注意。这5类人分别是体力劳动者、哺乳期女性、老年人、结石患者和痛风患者。这五类人建议合理地多喝水。

体力劳动者。在大量的体力劳动后，需要及时补水。建议在进行体力劳动之前的半小时先行补水，劳动过程中可以少量地补水。在劳动结束后，不宜马上补水，最好过一会儿，待身体稳定下来后，再把水补足。最好是喝少量淡盐水。

哺乳期女性。乳汁中90%是水，其分泌状况也与每天的饮水量有关系。所以，妈妈们在保证营养均衡的情况下，能合理地饮水，会非常有利于乳汁的分泌。在这一点上，育儿专家的建议是，哺乳期女性每天的总饮水量最好在2.1升左右，当然这里面说的并不是纯喝水量，应该将饭菜等含水量也一并全部算入在内。

老年人。上了年纪的人容易尿频，如果再不常常喝水，不仅血液黏稠、血脂高，还会引发一系列代谢性的疾病。所以，老年人一定要经常喝水，饮水量可以比普通人多一些，也可以根据尿的颜色判断是否该补水了。例如，尿的颜色是浅黄色的话，就应及时补充250毫升水；若是茶色，则表示身体已经严重缺水，需要补充 500 毫升的水。

结石患者。患过结石的人，每天至少要喝两个热水瓶约 2000 毫升的水，要是饮食中汤汤水水比较多的，可以少喝一点儿，关键是不要让患者本人总是觉得口渴。若是能做到不再口渴，那就达标了。

痛风患者。众所周知，人体绝大部分的尿酸都是通过尿道排泄出来的，换言之，多喝水、多排尿有助于尿酸的新陈代谢，从而达到缓解痛风的痛苦或者减少痛风的产生的目的。在炎热的夏天里，每个人都会出更多的汗，痛风患者也不例外。这时候，由于尿液容易浓缩，所以患者更应该多喝水，建议每天至少喝 2000~3000 毫升的水（包括饮食中的水）。

除上述人群外，还有一些人也需要在医生的指导下调整饮水习惯的，这里就不一一赘述了，只要遵照医嘱喝水即可。

04
这些蔬果食物，让人迅速恢复精力

那些重视自己身体健康、希望自己每天都精力饱满的人，都会关心这样的问题：每天吃些什么食物，喝些什么东西，能让自己既健康又精力旺盛？当被问到这样的问题时，笔者首先想到的是一种水果——苹果。相信很多人都听过这样的谚语："每日一苹果，医生远离我，一天俩苹果，疾病绕道过。"在美国也流行这样的话："每顿饭吃一个苹果，就不用请医生。"

据载，法国19世纪著名作家大仲马，在创作他的传世经典《基度山伯爵》时，由于劳累过度，曾一度患了失眠症。于是，他每天临睡前都会吃一个苹果，然后强制自己按时睡觉和起床。坚持了一段时间后，他居然把失眠症治好了！

为什么苹果会有如此奇效？科学家发现，苹果里富含磷、铁等元素，很容易被肠壁吸收，有补脑养血、宁神安眠的作用。甚至，苹果的香气就是治疗抑郁和压抑感的良药。有心理专家通过多次试验发现，在诸多气味中，苹果的香气对人的心理影响最大，具有明显的消除心理压抑感的作用。临床试验证明，让精神压抑患者嗅过苹果的香气后，患者的心情会大有好转，精神变得轻松愉快，压抑感已然消失。实验还证明，失眠患者在入睡前嗅一会儿苹果的香味，能够比较快地安静入睡。

吃苹果对人身体健康的好处非常多。苹果富含锌元素，多吃苹果有增强记忆力、提高智力的效果，故苹果有着"智慧果"的美誉。苹果里的可溶性膳食纤维——果胶，能帮助我们减少血液中胆固醇含量，增进胆汁分泌，避免形成胆结石。果胶还能促进胃肠道中的铅、汞、锰的排放，帮我们调节机体的血糖平衡。苹果里所含的纤维素能使大肠内的粪便变软；有机酸能刺激胃肠蠕动，促使大便通畅；果胶能抑制肠道不正常的蠕动，使消化活动减慢，从而抑制轻度腹泻。因此，苹果具有通便和止泻的双重作用。苹果含有多种抗氧化物质，可以及时清除体内的代谢垃圾，降低血液脂肪含量，预防血管硬化，降低肺癌的发病率。当人体摄入钠盐过多时，吃些苹果，则有利于平衡体内电解质。

虽然吃苹果对身体有那么多的好处，但是苹果不能当饭吃。有些人在减肥过程中仅吃苹果充饥，这是不科学的，对健康会产生不利的影响。从营养学角度看，仅靠吃苹果，难以满足人体对碳水化合物、矿物质、蛋白质等多种基本营养素的需求，而且苹果含糖量高，长期大量食入，也达不到理想的减肥效果。

苹果虽然不能当饭吃，但可以为我们的健康助上一臂之力。除了苹果，还有哪些水果、蔬菜或者别的食物，是我们比较常见但又对我们健康非常有益，同时还能让我们每天都精力充沛的呢？事实上，对人的健康很有益处、能迅速恢复精力的水果、蔬菜、炖汤等还有很多，只要你在媒体上稍微留心，就能发现，有很多医生、健康专家、营养学家推荐过很多被证明是食之有效的食物。

你是否经常听到周围的人喊"累"？甚至有时候你自己也觉得"很累"？为什么会感觉"累"呢？事实上，人在身患疾病，处于亚健康状态或者在过度工作之后，都会感到乏力，感觉非常"累"。有些处于亚健康状态的人，即使在休息时，也是一副精神不好的困乏样。感觉到"累"，身体很疲劳，主要源于精、气、神的亏耗。如果想要缓解疲劳、精力充沛，既要改变不良的生活方式，更要多吃一些有助于消减疲劳感和迅速补充精力的食物。接下来介绍一些屡试不爽、食之有效的迅速消除疲劳、恢复精力的食物，既有蔬菜类、水果类，也有炖汤等，希望对你有较大的帮助。

常吃碱性食物，能让人总是精力充沛。通常，疲乏是由于人体内环境偏酸而导致的，所以多吃点碱性食物就能够中和体内的酸，达到消除疲劳的目的。常见的碱性食物指的是含钾、钠、钙、镁等矿物质较多的食物，它们在人体内的最终代谢产物往往呈碱性，例如蔬菜、水果、乳类、大豆和菌类食物等。它们与呈酸性的食物适当搭配，还有助于维持体内的酸碱平衡。常见食物里，较有代表性的强碱性食物有：海带、茶、白菜、柿子、黄瓜、胡萝卜、菠菜、卷心菜、生菜、芋头、柑橘类水果、无花果、西瓜、葡萄、葡萄干、葡萄酒、板栗等等。

我们挑几种强碱性食物重点介绍一下。先说豆类食物。当我们体内的铁质匮乏时，常常会觉得疲劳，精神萎靡，肌肉无力，严重的甚至还会中风，尤其是那些长期不吃肉、从事剧烈运动的人或者是正在减肥的人。不过，只要多吃点豆类或蛋白质丰富的食物，这些症状就会消失，因为各种豆类可以补充大量铁质。铁质的主要作用是帮助把氧输送到人体的各个器官与组织中去。如果一个人得了贫血症才感觉到铁质不足，可能为时已晚。

在我们常见的豆类食品里，除了黄豆、绿豆，还有毛豆。经常感到疲倦的人多数血液中都缺铁。毛豆在生长中需要铁，也储存铁，因此它的铁含量较高，是儿童、老人、妇女补充铁元素，预防贫血非常好的食物来源。另外，毛豆里还含有丰富的钾，用盐水煮毛豆或用毛豆烧菜，然后食用，不仅可以缓解疲劳，还能开胃和补充体力。

有些人一到夏天就容易感到疲劳、困顿，这与其体内钾含量偏低有关，天热，人就容易出汗，汗水中除了有钠元素，还有钾元素。同时，天气炎热，人们的食欲也会下降，从食物中摄取的钾元素就更少了。吃橘子确实能解夏日疲倦。因为橘子不但含有丰富的钾，它的酸味还能提神开胃。另外，橘子皮里还含有黄酮、新陈皮甙、柑橘黄甙、橙皮黄素等成分，具有抗氧化、抗疲劳的效果。所以用橘子皮泡水饮用，也能起到很好的恢复精力的效果。

香蕉是补充体能的极佳来源，与很多水果一样，香蕉所含糖分属于容易消化的碳水化合物，还富含钾质。钾质的作用是帮助肌肉与神经保持正常的活动。有些营养素可以长时间储存在体内，但钾不一样。在进行激烈运动时，钾会随着汗水而流失；当健康出现问题时，人体内钾的储存量也会降低。钾质不足的明显症状包括肌肉酸痛、心跳不规则、反应较慢、觉得头脑混乱等。这时候，你若是能吃上几个香蕉，能迅速缓解症状，还能迅速恢复精力。

在体力下降、精力不足时，吃一些富含综合碳水化合物的食品，是很正确的选择。草莓类水果、小面包都是这样的好食品。草莓类水果是综合碳水化合物的很好来源，而且维生素含量特别丰富，这种维生素能帮助人体迅速吸收滋养细胞所需要的铁质。营养学家研究发现，每天摄取 60 毫克的维生素 C，就能让人精力充沛。而草莓里富含维生素 C。

小面包所含的综合碳水化合物同样是人体很好的热量来源。碳水化合物跟脂肪、蛋白质不一样，碳水化合物是以糖原的形式储存于肌肉和肝脏中的，身体一旦需要，随时可以取用，这种"储备燃料"能确保体力的提升和精力的充沛。小面包当零食吃，能随时补充能量，最适合在两餐之间体力下降、精力不足时吃。综合碳水化合物进入人体之后会分解渗进血液，提高血糖（细胞能量来源）的量。

很多人都知道，吃糖和蛋糕也可以摄取到碳水化合物，并且从所含的单糖中迅速得到大量能源，但吃过之后必定疲倦得更快。但如果吃燕麦片就不会这样了。燕麦片富含纤维，能减慢消化过程，于是碳水化合物得以细水长流地渗入血液，身体就能源源不断地得到能量。当你吃了一碗燕麦片粥后，它就能帮助你身体的血糖一直保持在高水平。

碳水化合物是补充体力和精力的最佳物质，不过，摄取过多的碳水化合物而不摄取蛋白质，对大脑的清晰思考能力与警觉性会有不良影响，还会使人昏昏欲睡。因此，还要补充足够的蛋白质。什么样的蛋白质能帮助我们缓解疲劳，恢复精力呢？鱼肉，尤其是金枪鱼之类的肉。金枪鱼之类的高蛋白质鱼，含有一种叫 Rh 酪氨酸的氨基酸，这种氨基酸一经消化，便会增加制造去甲肾上腺素和多巴胺等脑神经介质，而这些天然醒脑物质能刺激大脑提高警觉，使人在精神压力下仍能把注意力集中或从事思维活动。

很多女性在经期前后会觉得既疲倦又不舒服。最新研究显示，处于经期前后的女性如果能多吃点儿酸乳酪之类的富含钙质的食物，就能从中得到好处。在对一些女运动员的研究中发现，在她们吃含低钙膳食期间，大部分人都说月经来时感到不适，当转为食含钙较多的食物（吸收钙质的量相当于每天吃 3 杯半酸乳酪或喝 4 杯脱脂牛奶）之后，月经痛、疲劳倦怠、无精打采等情况都得到了改善。

经常食用蘑菇汤，同样能起到消除疲倦、恢复精力的作用。营养学家研究发现，吃 200 克蘑菇对身体产生的影响等于晒两日太阳。因为蘑菇经太阳照射后，所含有的特殊物质会转化成维生素 D，它被人体吸收后，对增强抵抗力、体力与精力有较大的帮助。蜂蜜能比较好地消除脑疲劳。在所有天然食品里，大脑神经元所需要的能量在蜂蜜中含量最高。蜂蜜里的果糖、葡萄糖可以很快被身体吸收利用，然后较大地改善血液的营养状况。食用蜂蜜能迅速补充体力，消除疲劳，增强对疾病的抵抗力。

总之，除了上述介绍的这些蔬菜、水果等食物外，肯定还有很多食物能让我们缓解疲劳、迅速恢复精力，除了吃上述我们介绍的食物帮助自己迅速恢复精力，你也不妨去寻找更多食物，来帮助你迅速消除疲劳、增强体力、恢复精力。

05

适可而止！维生素、保健品不能乱吃多吃

随着生活水平的提高，人们的健康意识也越来越强了。人们越来越关心自己的身体健康，越来越重视养生，电视、网络、书刊等传媒也每天宣传各种各样的健康知识，甚至出现了越来越多的养生讲座、健康论坛之类的节目。但由于很多节目都是由保健品商家甚至药品商家赞助的，所以，经常会有一些不负责任的宣传误导，结果造成了很多人开始乱补维生素，乱吃保健品。

过去这几十年，大发横财的保健品公司数不胜数，即使到今天，依然有保健品公司靠着虚假广告或者夸大其功能的宣传方式，财源滚滚地活着。通过这些无良公司的宣传，无数人被误导后，乱补了太多的维生素，乱吃了太多的保健品，结果可能对健康并没有多大的帮助。有些保健品可能对健康没有害处，但有些如果多吃了或乱吃了，却会对身体造成严重的伤害。

我们先来说一说维生素。曾有一段时间，某些电视广告天天给观众传递

一个观念，说我们身体里缺这样的维生素，缺那样的矿物质。结果真有不少人相信了，然后购买了该产品。但事实上，在正常的情况下，人体每天所需的维生素、矿物质，往往只有几毫克甚至几微克而已，如果长期服用过多的维生素、矿物质，反而会影响身体的平衡机制。为避免一些无良商家的广告对消费者的误导，欧盟早就要求维生素产品说明上必须注明："维生素不能代替均衡健康的饮食，服用过量维生素将会对人体健康有害。"

但凡有一定医学常识的人都知道，过量摄取维生素 A，会导致头痛、恶心呕吐、厌食、体重减轻、贫血、皮肤干燥而脱皮、毛发干枯无光泽或脱落、眼球凸出、易激动、骨及关节疼痛，甚至会损害肝脏功能。每位妇科医生都知道，孕妇在妊娠期，每天服用过量的维生素 A，很容易生出器官畸形的孩子。所以，怀孕期间的妇女，在补充维生素 A 时，都要先问过医生，才能服用的。

最近，国外有医学研究人员发现，服食大量维生素 B，对身体危害也很大。例如，服用过量的维生素 B1，会引起头痛、眼花、烦躁、心慌、浮肿、失眠、神经衰弱。据国外研究报告指出，服食过量维生素 B6，也会出现晕眩、恶心的现象。

维生素 C 既能提高人体免疫力，预防癌症、心脏病、中风等，又能保护牙齿、牙龈，还能帮助人体内铁的吸收。然而，维生素 C 也不能多吃乱吃。维生素 C 是酸性物质，服用过量将会对肠胃黏膜产生刺激，引起上腹疼痛、恶心、呕吐和腹泻，使胃炎、溃疡病的症状加重。大量摄入维生素 C 会降低血液中铜的含量，减少血球的数量。长时间服用大量的维生素 C，易导致体内消化道生成结石。

经常服用过量的维生素 D，会增加身体对钙的吸收，同时会促使骨头里的钙跑到血液里去，造成血钙过高，使肾脏、血管、支气管，甚至眼角膜与巩膜也有钙的沉淀，从而限制这些组织器官的活动，以致丧失该有的生理功能。

长期服用过量的维生素 E，会出现头痛、晕眩、恶心、腹泻、腹胀、肠痉挛、口腔炎、口唇皲裂、抑郁等不良反应。心血管疾病患者如果过量服用维生素 E，会导致血压升高、心绞痛加剧、血胆固醇、甘油三酯升高，还会损害内分泌功能。长期服用过量的维生素 E，男性可能会乳房增大，性功能产生障碍，女性则会月经紊乱。

其实，各种维生素普遍存在于不同的食物里面，只要我们不偏食，就能够均衡地摄取到各种维生素和矿物质。如果你真的需要额外补充维生素、矿物质，请一定要在医生或营养师的指导下进行服用。

过去曾有一段时间，大部分的保健品，都是打着补充维生素、矿物质的旗号的。保健品行业发展到今天，品种类型已经五花八门，维生素、矿物质保健品，已经只是保健品行业里的一部分而已了。但当我们谈到保健品时，有些人还是会把保健品和维生素画等号，甚至有些人还会把保健品与药品画等号。事实上，保健品是食品，不以治疗疾病为目的。虽然那些卖保健品的广告里，都把自家产品吹嘘得神乎其神，仿佛包治百病。

我们根据自己的身体状况与特点，适当地吃一点儿保健品，对我们提高免疫力、增强抵抗疾病的能力，肯定是有好处的，就像我们每天吃一两个苹果、橘子，对我们的身体也是有好处的。但是，我们千万别把保健品当作药来吃。

有些广告说自己的保健品能够治病，这其实是虚假宣传。有些保健品确实可以调节、增加人体的某些机能，像高血压、高血脂等慢性病患者，可以在正常服用药物的前提下，选用一些保健食品辅助治疗。而且要注意，选择保健品一定要对症下"药"，一定要根据身体所需，最好有医生的诊断建议。切记，保健品不是药，不能代替药。有病不吃药，以为保健品能代替药，轻则令病情加重，重则危及生命。

有些人听信了广告宣传，结果把保健品当饭吃，认为服用了多种维生素就可以少吃蔬菜水果，吃了钙片就可以不喝牛奶豆浆。其实，任何正规医院的医生或者营养专家都会告诉你，人体所需的各种营养成分，主要来源于日常的饮食。任何营养品都不可能代替日常的食物来为我们提供全面均衡的营养。在平日里，我们只要科学、合理地搭配食物，就不容易营养不良，也不会营养过剩。

有些人觉得年纪大了，需要多吃点儿保健品。于是，他们就买很多保健品，然后每天都要吃好几样保健品，结果吃出了一身病！事实上，乱吃保健品，过量服用保健品，很容易加重胃肠负担，甚至会引发毒性反应！例如人参，就不是随便吃的。有些人吃了，就会浑身发热、上火、烦躁不安、血压升高。又如，长期酗酒的人，可能酒精已经对其肝脏造成不良影响，这时如果服用深海鱼油，就可能使肝功能受损。高血压、高血脂等心血管疾病患者不宜服用鹿茸类补品，否则会导致头晕、目赤、吐血、尿血；腹泻患者如果服用六味地黄丸，病情会雪上加霜。

唯有在医生的指导下，了解自身情况，然后适自身情况而定。例如，蛋白粉适用于患有严重胃肠道疾病或晚期癌症者，但如果消化功能不错，能吃豆制品、肉蛋类食物，就没有必要花这个冤枉钱。

有人以为保健品老少皆宜，事实并非如此。我们说过，无论是谁，只要不偏食，每天的食物搭配都比较均衡，就不需要额外补充营养。保健品其实只是在某些特殊人群里能发挥有限的补益作用。例如，素食者需要额外补充一点儿钙、铁、维生素 B12 和维生素 D；孕期或哺乳期的女性，需要额外补充叶酸、铁、钙；经血流量很大或平日气血虚弱的女性需要额外补充一点儿铁；老年人为了减少骨骼中钙的流失，可以服用一点儿钙补品；减肥的人由于过度控制饮食结果导致消化不良，这时候就需要服用一点儿复合维生素以及矿物质补品。

有些人以为保健品越贵越好。这种想法毫无事实作为支撑。在保健品行业流传着这样一句话："一成成本、二成流通、三成广告、四成利润。"换言之，卖 2000 元一份的保健品，产品本身的成本很可能只是 200 元，但花在广告上的却是 600 元，在渠道上的花费则是 400 元，商家赚到的利润是 800 元。对比之下，真正在产品本身上的投入是最少的。一种保健品卖得非常贵，很可能不是产品本身的成本投入多了，而是广告投入多了！同样一种功能，A 产品包装豪华，天天做广告，价格自然极高；B 产品看着不起眼，其实营养价值并不见得比前者差多少。所以价格越贵不见得效果越好，只有适合自己的才是最好的。

保健品公司在对待消费者上，最常见的无疑是打"高科技"牌了。君不见，保健品市场上"高科技"新产品每天都有冒出来的，然后掏空了消费者的钱包。结果，消费者钱掏了不少，健康问题并没有得到解决。甚至有些"高科技"保健品，消费者吃了，身体更不健康了。所以，我们在挑选保健品时，一定要擦亮双眼，按自己真正需要去挑选。更重要的是，能不吃保健品，就别吃！

第 八 章

Chapter 8

有运动健身习惯，
精力就总是饱满

01
热爱运动健身的人，更容易成为精英

电视连续剧《欢乐颂1》《欢乐颂2》播出后收获了很高的收视率，并在很多电视台热播。在这两部剧里，由刘涛饰演的女主角安迪，成为最受观众们瞩目的角色。在这两部剧里，女主角安迪以其出众的才华与智慧、独立干练的办事能力、美丽时尚的外貌，赢得了无数观众的喜爱。

在上班时间里，安迪是西装革履的"金融学霸"，碾压了同行业里的很多男性；而在工作以外，她又是一位身材很好、面容姣好的气质大美女。为什么安迪这个角色会迷倒万千观众？因为很多女生的梦想就是要让自己成为像安迪这样的女人，而很多男生心目中的女神形象就是安迪这样的——智慧与美貌并重，干练与气质兼备。

"集万千宠爱于一身"的安迪究竟是怎样炼成的呢？靠的是高度自律与坚持运动。从小到大，安迪无论在学习上还是工作中，甚至在生活里，都有着高度的自律。

安迪每一天都会坚持各种运动，而晨跑是她最重要的一个运动习惯。每天无论工作有多忙，她都会雷打不动地进行晨跑！仅仅是这一件事情上的自律与坚持，相信很多人就已经做不到了。可见，没有人能随随便便成为"女神"、精英。

有人可能会说，这只是电视剧里演的而已。其实，在现实中也有无数热爱运动与健身的精英人士，其中有很多还是我们耳熟能详的著名人物。例如，一些超级富豪就数十年如一日地运动、健身。台湾前首富、台塑创始人王永庆，人称"经营之神"。在步入中年以后，王永庆便开始坚持每天跑步一个小时，风雨无阻，数十年如一日。亚洲前首富李嘉诚极为痴迷高尔夫球运动，每天清晨 6 点，他都会亲自驾车去打一个半小时的高尔夫球。这个健身习惯，"李超人"坚持了数十年。

万科集团创始人王石是一位极限运动爱好者。曾经，王石被医生诊断说，他下半辈子可能会在轮椅上度过。然而，在 53 岁那年，王石却成功登上了珠穆朗玛峰，成为国内登顶珠峰的人里年龄最大的一位。在接下来的四年时间里，王石还成功登上了 11 座高峰。除了喜欢登山，王石还颇热爱跑步、飞行。2000 年，王石还在西藏创造了中国飞滑翔伞攀高 6100 米的纪录。SOHO 中国董事长潘石屹无论在闲暇时还是忙碌时都会经常跑步。搜狐董事局主席兼 CEO 张朝阳热爱登山、跑步、横渡海峡，极限运动一个都不落……热爱运动的顶级精英人士，真是数不胜数。

大多数顶级精英人士，都比较热爱运动与健身；也许让你更意外的是，热爱运动与健身的人，往往更容易成为精英人士。

（1）热爱运动的人往往很善于分清主次。

如果你看了前面的章节，肯定会知道，我们要去做的事，无论是主动想去做或者被动而必须做的事，无论是有价值还是没价值的事，都可以归为这四个维度之一：既重要又紧急，重要但不紧急，紧急但不重要，既不重要又不紧急。如果我们能主动去选择，毫无疑问，我们都应该去做既重要又紧急的事。但是，如果放到一年或者一生来看，第一个要选择的，应该是重要但不紧急的事。运动，就是这样的事。

锻炼身体这件事非常重要，但又紧急不来。然而，正因为它不是紧急的事，所以很多人会选择不做或者拖延。直到有一天去体检时，突然发现自己高血压、高血脂、高血糖了，已经到了不按时吃药不多锻炼身体整个人都有可能会被废掉时，你才想起来锻炼身体的重要性。当事情发展到这一步时，锻炼身体这件事已经是"既重要又紧急"的事了！但"冰冻三尺，非一日之寒"，你想在短时间内让自己通过运动重新拥有健康的身体，那是不可能的。因为通过运动获得健康的身体，需要一个漫长的过程，绝不是"临时抱佛脚"能做到的。

那些热爱运动的人，正是知道想拥有健康的身体，必须通过长期坚持运动才可以，所以才会每天都坚持适量的运动，日积月累之下，他们也终于拥有了健康的体魄和充沛的精力。换言之，热爱运动的人，更容易成为精英，因为他们每天都在做着一件"重要但不紧急"的事。但凡"重要的事"做得多了，积累到质变时，这个人都一定会脱颖而出，成为出类拔萃的人物。

（2）热爱运动的人往往懂规划，善计划。

想要成为精英人士，就离不开规划的能力和计划的习惯。那些成功的精英人士都知道，不但人生需要规划，职业需要规划，就连每一年、每一季度、每个月甚至每一天也都需要规划。而一个好的规划，往往都是从一个切实可行、行之有效的计划开始的。

很多失败者也经常做计划，为什么却总是让计划落空呢？因为他们的
"计划大而无章"，就像老虎吃天，不知道从哪儿下口，试想，这样的计划又
怎么可能有效地实施呢？又怎么会有一个好的结果呢？有些人喜欢不切实际
瞎规划，乱计划，明明只能"挑一百斤的担子"，非要让自己在计划中"挑
五百斤的担子"，这样的计划必然会失败。

那些热爱运动、把健康养成了习惯的人，则很懂得规划，很善于计划。
首先，他们运动目标非常清晰。例如，我要在 3 个月内减重 20 千克；我要
在 5 个月内练出马甲线；我要通过 6 个月的锻炼，成功跑完一个全程马拉
松……目标非常清晰。

关键在于，他们会把目标正确规划好，然后计划到每一天、每一次，让
自己可以做到、做好。例如，要通过 6 个月的锻炼，成功跑完一个全程马拉
松，他们会规划好每一个月都做到什么样的目标，如每个月要跑 200 千米；
每个月的每一天，又要做到什么样的目标，如每一天要跑 10 千米；甚至精
细到每一次，如每次要在 50 分钟内跑完……

如果参加比赛，学会定目标，设计划，更为重要。美国著名马拉松选
手梅伯在比赛中是这样计划的：定 4 个目标。目标从难到易依次排列，拼出
最大的努力追求第一个目标，完不成的话就争取第二个，再不行就瞄准第三
个，这样下来，成绩总不会太差，更不至于放弃比赛。

在一次参加某马拉松比赛时，笔者的第一目标是进入前五名，第二目标
是比上一次马拉松比赛的最终成绩 4 小时 50 秒快，第三个目标是用 4 小时
5 分跑完全程，第四个目标是用 4 小时 9 分跑完全程。总原则是，不能把目
标定得太低，否则会没有太大动力跑完全程，甚至会中途放弃！

（3）热爱运动的人往往自控力更强。

每个人都向往自由自在、无拘无束的生活，然而，只有少数人真正明

白，先有自律后有自由。唯有真正做到了自律，我们才能拥有一个更好的世界。想成为精英人士，就必须先让自己拥有强大的自控力，成为一个自律的人。而热爱运动，则让我们更容易成为自控力强大的人。

想要养成自律的习惯，拥有强大的自控力，形式其实多种多样。例如，有的人养成了早起的习惯；有的人在微信朋友圈里加入了"清晨五点钟早读群"，每天总能成为群里第一个"打卡"的人；有的人养成了每天读一本书的习惯，坚持了两三年后，结果从一个默默无闻的人，成为互联网知识服务领域的"大咖"；有很多人热爱运动，于是便加入了相应的微信或 QQ 运动群里，然后互相监督，让自己养成每天按时运动的习惯，于是后来每天都能按时去运动……这些，都是让自己自律、自控力越来越强大的有效方法。

有人说，你越有自控力，越能自律，活得越高级。想迅速成为自律的人，想尽快拥有强大的自控力，通过运动来养成，是最为有效的途径之一。能够每天坚持做一件事的人，是可以对自己下狠心、善于管理自我、对生活有着较高标准的人。这样的人，非常自律，拥有强大的自控力，所以，他们终究会给自己一个不将就、很讲究的美好世界。

（4）热爱运动的人往往更勤快，积极向上。

热爱运动的人是闲不住的，他们往往比不爱运动的人更加勤快。无论是晨跑还是夜跑，表面上看起来好像是消耗体力和精力的事，殊不知，在运动之后，身体其实仿佛被注入了一股新的血液，让整个人的精力更加充沛、旺盛。而勤快的人，不但能够在日常生活中替别人分担更多，还能主动付出更多。而这样的人，更容易获得成功的机会，更容易成为精英人士。

喜欢运动的人绝大多数都热爱生活，积极向上，浑身充满了正能量，心态非常阳光。运动能给人带来一种兴奋的感觉，其产生的多巴胺，是一种让

人感觉到兴奋的物质，能让人感觉到像是处于热恋之中一样。热爱运动的
人，气场会更强大，更懂得做自己生活的主人，主宰自己的人生，热爱生活
中的点滴，从而让自己散发出积极向上的气息。

（5）热爱运动的人往往更容易成功。

能够坚持做好一件事的人，把另外一件事做成功的几率更大。坚持，从
来都是成功的人必备的品质。而热爱运动，尤其是长期坚持做一项运动，会
让人很容易养成坚持、自律等成功必备的优秀品质。除了坚持、自律之外，
热爱运动的人，还喜欢不断挑战自己，激发身体的潜能。这些都能为他们提
供持续不断的精力，让他们每天都精神奕奕，有足够的体力去做好各项工
作。所以，他们更容易成为精英人士，取得事业上的成功。

当代社会，很多快节奏、高压力的工作，都需要那些精力充沛的人来执
行。如果精力不够充沛，身体很虚弱，是无法真正做好高难度的事，更无法
一路提升自己，去战胜难度越来越大的困难。身体不好、精力不足的人，最
终会被职场淘汰。只有身体好、精力旺盛的人，才有持续的体力从事更好的
工作，站到更高的位置。

总之，经常保持运动与健身的习惯，从而让自己的身体保持健康，让精
力总是充沛的人，才会有清晰的头脑，才能有效地管理工作和家庭生活，让
自己更容易成为精英人士、成功人物。热爱运动与健身的人分为两种，一种
是成功精英人士，一种是即将成为精英的人士。

02
即使再忙，健身的时间也要挤出来

在城市生活的人，尤其是年轻人，会有这样的经历：兴冲冲地办了一张健身卡，结果刚开始几天还能坚持去，但过了一段时间后，由于种种原因，便再也没有去过了；下定决心每天晚上夜跑一个小时的，但跑了几天后，就再也坚持不下去了；原本想每天下班后和小伙伴们一起打篮球或者踢足球，觉得这样不但能够锻炼身体，还能增加朋友间的友谊，没想到，毕业后长时间不进行剧烈运动，去了一个晚上，累得要死要活，过了一两周的时间才把那种难受的感觉缓过来。从此再也不敢去打篮球或者踢足球了，体力实在跟不上了。

其实，绝大多数人都明白健身运动、锻炼身体的重要性。只是，知道和做到之间往往隔着巨大的鸿沟。很多人都曾经下过很大的决心，要经常去锻炼身体，但最后能够坚持下去并形成习惯的人却并不多。对此，很多人会给自己找这样一些理由："上班太忙了，工作太多了，实在是没有时间健身""上了一天的班，身体已经够累了，真的没有体力去锻炼了""下班后应酬太多，抽不出时间去锻炼身体啊"……

这些理由其实也是事实。如今的我们，身处竞争激烈的社会，工作节奏越来越快，家庭负担越来越重，确实越来越难有很多的时间去健身运动了，所以那些需要长时间的运动，自然会被越来越多的人放弃。于是，这也导致越来越多成年人的身体处于亚健康状态，身体隐患加剧。故而，我们如今经常能听到一些人抱怨说，没有时间进行健身运动，真不怪他们自己。

不过，如果我们是去进行快速走路健身，则还是能挤出很多时间来的。事实上，只要你真想挤时间，不仅仅是去进行快速走路健身，即使是别的运动，也还是能挤出来的，哪怕你再忙。试想一下，你再忙能忙得过李嘉诚？李嘉诚照样能每天挤出时间去打一打高尔夫球。

有很多成功人士虽然特别忙，但由于他们懂得活着的根本意义是什么，所以他们总能挤出时间来进行健身运动。由于能坚持健身运动，所以他们总是在不断给自己的体能库里储备精力，因此他们每天都能精力饱满地去工作，办事效率特别高。也因此，他们才会不断地从一个成功迈向另一个成功。

如今，越来越多成功人士采用快速走路这种健身方式来锻炼身体，原因是这种方式锻炼的效果很好，而且很适合"抽空就锻炼"。这些人通过采取时间与健康"零存整取"不断积累的方法，抓紧了每一分钟的时间，去进行快速走路这种方式的锻炼。

国外有一家研究快速走路健身的机构经过多年的研究证实，不要小视"一步路"的功效，每走一步路，对身体至少有 100 种以上的好处。根据测算，每走一步路，可以使血液循环增加；骨骼得到锻炼；经络得到舒展；肺活量增大；关节得到锻炼；促进肠胃蠕动，促进消化；神经系统得到锻炼；大脑思维灵活，增强记忆力；甚至还能消耗体内热量，消耗脂肪，达到减肥的目的！

如果你真的为自己的健康着想，希望自己每天都精力饱满，即使你再忙，也一定能挤出或长或短或多或少的时间，去进行健身运动。如果你进行快速走路这项运动，无论你挤出来的时间如何，都一定能产生好效果。所以，如果你的工作很有规律，你能安排出大量的时间来，那么你每天可以进行至少 30 分钟的快速走路，这样下来，你的身体能微微出汗，效果颇佳。如果你工作忙碌，时间上又很没有规律，每天不能抽出 30 分钟以上的时间进行快速走路，那么你每星期应该利用双休日的时间集中进行快速走路的健身运动。

即使你再忙，在保证睡眠足够的前提下，你也可以早起半个小时，然后出门快速走路半个小时。如果在上班时间不能外出，而你的工作又比较忙，你也可以在不用处理工作的闲暇时间，在办公室的走廊里、楼梯上、会议室里等地方，进行快速走路这项健身运动。甚至，你去卫生间方便时，都可以在去的路上以及回来的路上，进行几分钟到十几分钟的快速走路。这同样也能起到锻炼身体的目的。

无论是在工作中还是在生活中，我们都有可能遇到需要长时间坐着的情况。要是你的工作需要你长时间坐着，那你最好能隔一段时间，比如隔 1 个小时，就站起来离开座位，走动走动，如果条件允许，你还可以快速走几步，能多走几步就多走几步。

当你需要送客人离开办公室时，你其实又有了一次通过走路来锻炼身体的机会。这时候，只要时间允许，具体情况允许，你能送对方多远就送对方多远。然后，你再用快速走路的方式走回办公室。这样做，不但能显得你对客人非常热情，还能通过快速走路达到锻炼自己身体的目的。

马玲和靳花同一年大学毕业后进了同一家外企公司工作，并且在同一个部门工作。刚进入公司时，二人的身体状况差不多，都身体健康，身材苗条，面色红润，性格开朗。她们从事的工作要求她们每天都要坐在计算机前工作 9 个小时以上。然而 3 年后，两个人的身体状况、健康情况完全不一样。马玲的体重从刚入职时的 99 斤增加到了现在的 160 斤，头发掉了不少，面色暗淡，还患上了痔疮、失眠、健忘、痛经等疾病，免疫功能也严重下降。

反观靳花，依然那么年轻，身材还是那么苗条，面色还是那么红润，头发还是那么乌黑亮泽，性格还是那么开朗，走路时依然脚步灵活，轻松自如，身体还是那么健康，过去 3 年里，甚至连感冒这种小病都没有患过。

马玲问靳花，为什么自己会被工作摧残成这样，而她却不受一点儿影响呢？她究竟有什么保养和健身的秘诀？靳花回答道，自己哪有什么保养和健身秘诀啊，自己只不过每天都坚持用快速走路的方式来锻炼身体。锻炼的时间哪里来呢？每天利用送客人离开办公室的机会，让自己锻炼身体。要知道，她每天主动从 12 层的高楼上送 3~8 次客人到一层出大门，而后再从楼梯走上 12 层，累计起来，她一天要走 3 千米的路。就是靠着这样挤时间来锻炼身体，她一直保持着健康的身体、旺盛的精力和年轻的状态。

可见，即使你再忙，但若你是一个珍爱生命、要让自己一直保持身体健康、精力旺盛的人，你就一定能想到很多方法来挤出时间，让自己进行快速走路的这项健身运动。切勿小看每个"几分钟"的快速走路的时间，而当你明白了时间与健康之间"零存整取"的道理后，你就真正抓住了通过快速走路进行健身的本质。

03
快速走路是世界上最好的健身运动

在这个世界上，如果没有充沛的精力和体力作为支撑，是很难过上舒心快乐的日子的。尤其是对于职场里的人和欲成就一番事业的人来说，必须拥有饱满的精力，才能够很好地适应快节奏高压力的工作，才能够圆满完成每个目标。如果没有足够的精力，体力不足，我们不但没办法完成老板、领导交代给我们的工作，甚至由于经常做事低效，而让自己置身于被职场淘汰的边缘。

要让自己精力饱满，拥有持续不断的体力，就一定要养成经常运动甚至每天健身的习惯。经常进行健身运动的人，才会让自己储备起足够的体力，拥有充沛的精力，才会有清晰的头脑，游刃有余地解决各种各样的困难。

健身运动的种类有很多，既有室内运动又有户外运动。室内运动，在城市里比较常见的，是到健身馆里借助各种健身器材来给自己健身，或者是去体育馆里进行运动。室外运动，在城市里很常见的，是在体育场里长跑，在足球场里进行足球比赛等等。当然，如今在城市里，越来越多的人喜欢到公园里踢毽子、跳绳、跳广场舞、散步、慢跑、快跑等。还有一些人喜欢去户外进行骑车郊游、攀岩、登山等运动。

在那么多运动方式里，本书笔者最为推荐是快速走路。因为很多科学研究以及人们实践证明，世界上最好的健身运动就是快速走路。无数事实证明，用科学、正确的方式进行快速走路，不但能起到健身的作用，还能使人精神焕发，精力饱满，甚至还能抗衰老。

有一句谚语："饭后百步走，活到九十九。"它告诉了世人，走路对人身体健康是有益的。事实上，很多长寿老人都懂得快速走路对健康长寿能起到积极作用。广西有一个长寿之乡叫巴马。有一次，笔者去那里旅游，途经一个村庄，看见一个面色红润、双眼有神的老者背着一大捆木柴，正用他那双强劲有力的腿脚，快步如飞地向笔者走过来。

笔者好奇地走上前去，询问老者今年多少岁了。老人家面带微笑地伸出了 10 个手指头。我问他："您今年 100 岁了？"他点了点头。笔者赶忙问老者长寿的秘诀。只见他一会儿抬起右脚，一会儿抬起左脚，同时大声地对笔者说："秘诀就是我这双脚，动物靠四条腿奔跑健康长寿，人靠双脚不停地走路健身。人老脚先老，脚灵活了，则气血顺畅，精气旺，五脏安，心神宁。我每天赤脚上山砍柴，风雨无阻，至少要走 30 千米，所以腿脚灵活着呢。这就是我长寿的秘诀。"

受老者的启发，笔者不但一直坚持每天至少快速走路 1 个小时，还通过调查、研究，总结出了快速走路的四大好处，下面是快速走路的四个主要好处。

（1）快速走路，既安全又实用。

和很多运动健身的方式不一样的是，走路这种运动健身方式，是最安全且实用的方式。如果我们选择打篮球、踢足球等对抗激烈的运动方式来健身，总免不了会受伤；甚至我们打乒乓球、羽毛球、网球之类的运动方式，都有可能拉伤、摔伤！但选择走路这种健身方式，就几乎没有受伤的可能性，甚至连受轻伤的可能性都极小。

快速走路的健身运动非常实用，关键在于它不受场地的限制，通常在家里、楼道、公园、运动场、便道、郊区、河边、荒野……都可以进行。笔者居住的小区里有一位70多岁的退休老教授，每天上午9点会到附近一所大学的校园花园里快速走上1个小时。这位老教授看起来总是精力饱满，思维敏捷，没有任何疾病。人们问他为什么不去郊外走路健身，他很认真地回答道，走路健身安全第一，我也想去郊外走路，可是要穿过车水马龙的马路，要换两次公共汽车，安全系数比较小，我不能舍近求远，冒风险去健身。这位老教授的话很有道理，快速走路的根本目的是健身，是提高自己的生命质量。如果快速走路的安全系数太低，就要理智地考虑是否还要选择快速走路作为自己健身运动的方式了。无论采用哪一种运动方式来健身，安全都是第一位的。

（2）快速走路，简单易学，人人都会。

我们人类天生就会走路。当然，如果想要通过快速走路获得最好的运动效果，还是要掌握一些正确的走路要领的。当今社会，有着各种各样的健身方式与方法，但大多数健身方法学起来都很复杂，还需要场地、器材、资金和大量的时间，这些都很不利于这些健身方式的普及，人们也不容易坚持下去。而走路是我们天生就会的，只要稍微掌握一下要领，就能达到健身的良好效果。

有这样一位女士，由于长期在办公室里坐着，同时不注意饮食健康，结果身体很胖，有一个大肚腩，有着严重的便秘，脸色看起来非常差。她还患上了抑郁症，好几次想自杀，幸好都被劝住了。她向医生求助，医生建议她多锻炼。她听说游泳锻炼效果好，就去游泳馆办了一张年票。但由于游泳馆离她家比较远，她工作还比较忙，时间上无法保证，所以她才坚持了3天，就放弃了游泳健身这种锻炼方式。于是，她的身体在继续发胖，抑郁症也更加严重了。幸好，有一位朋友建议她采用快速走路的方式锻炼身体，她接受了建议。

她马上开始行动，具体做法是，每天走路上班。只见她每天早上都会早出来1个小时，换好轻便的运动装，走一个半小时来到单位。坚持走了15天，她便秘的问题便解决了！坚持了一段时间后，她的大肚腩也慢慢消失了，睡眠质量也好了，健康指数提升了，心情也变得轻松了。有一天，她不禁对建议她采用快速走路作为锻炼方式的朋友感叹道，真没想到，不花一分钱的这种快速走路的健身运动方式，竟然使我变了一个人似的！我现在不但身体越来越好，身材越来越好，每天也变得精力充沛了！

（3）快速走路，能助消化，防便秘。

无数事实证明，坚持快速走路这项健身运动，能显著提升消化系统的功能，增加我们的食欲，增强肠胃的蠕动，更有利于营养的吸收。快速走路这项运动，看起来是两条腿、两只脚在活动，其实是全身都在运动，尤其是腹部、腰部的运动更为突出。随着胯骨的节律变化，腹部内的震动很大，肠胃会随着外力发生震荡，这对消化很有帮助。

有一位男士每天都是各种应酬，要赴各种酒宴，结果自己不但没有了食欲，还肚子胀。他吃了各种药都无济于事。后来，有人建议他采用快速走路的方式进行健身，只要他能每天坚持快速走路1个小时，保证他能吃得香，睡得甜。他半信半疑地开始了快速走路这项运动，每天走一个半小时。当他坚持了 15 天后，果真见效了。从第 15 天开始，他食欲大增，吃什么都香，肚子胀气的问题也没有了。看到自己的身体好转了，他感慨道，什么药也比不上"快速走路"这种健身方式啊！

懂医术的人都知道，大多数便秘往往与肠胃功能紊乱有关系。事实上，只要坚持快速走路运动，增强肠道的蠕动能力，就可以排便顺畅，还能防止长痔疮。有位女士患有严重便秘，有时 7 天都不能排便，还得了痔疮，非常痛苦，吃了无数药都不顶事。后来有一位退休医生建议她多喝白开水，每天快速走路 1~2 个小时，坚持一段时间后，她的问题一定能解决。她开始快速走路健身。半个月后，她的大便就正常了，身体也感觉轻松了，情绪也逐渐平和了，看上去也年轻了好几岁。

（4）快速走路，能改善神经系统与睡眠质量。

实践证明，快速走路运动能增强心肺功能，使腿脚的血脉流畅，新陈代谢增强，心、肝、肺、肾、胃、大肠都能得到充分的滋养，特别是对骨骼和筋骨的强壮十分有益。快速走路运动还能使我们的大脑神经放松，使脑细胞得到充分的休息与营养，防止记忆力减退。我国著名画家齐白石 90 多岁依然画笔不止，思维敏捷，甚至还能背诵出年轻时看过的古诗词，这种超凡的记忆力实在令人惊叹。熟悉齐老先生的人都知道，正是他坚持每天在庭院里走路 30 分钟的好习惯，让他的大脑神经总能得到充分的休息，脑细胞得到充分的营养，从而保证了他超凡的记忆力。

除了上述这些好处，快速走路这一健身运动方式，还能改善我们的睡眠质量。懂医学的人都知道，唯有气血顺畅，神经系统才能得到充分的休息，才能使人进入到深度睡眠之中。有些人之所以会严重失眠，除了器官病变造成的以外，大多与紧张、焦虑、长时间坐、卧、食欲不佳、运动量不够有关，而快速走路这一健身运动的方式，正是改善这些问题的最可靠手段。

笔者认识的一位老板，曾患上过严重的失眠症，夜间安眠药吃好几片都不管用，结果每天昏昏沉沉的，办事效率也变得非常低下。笔者建议他每天快速走路，走上一两个小时，坚持一个月试试。他采纳了笔者的建议，决定快速走路上下班。上下楼时也不再坐电梯，住 12 层楼的他，每天都坚持爬楼梯。1 个月过去了，他的睡眠质量有了很大的改善，他说他现在一躺在床上，没有几分钟就睡着了。睡眠质量高了，工作效率也就高了。

以上是快速走路带给我们的主要好处。另外，医学研究发现：步行健身并不是简单地散步，慢吞吞、懒洋洋地背着手边走边闲谈，以闲谈为主的步行运动虽然也有益于身体，但达不到强身健体、养精蓄锐的锻炼目的。

总之，科学地快速走路，既能健身，让我们一直身体健康，又能养神，让我们每天都精力饱满，还能锻炼我们的意志力，让我们在追求事业的路上有更多的耐心和勇气，去跟困难"搏斗"，进而战胜之。最后，为了身体健康，为了生命质量，为了幸福快乐，请大胆放开自己的双脚，快速走路去吧！

04
走路健身前的准备越充分，运动效果越好

通过实践证明，快速走路这种健身运动的方式，是适合于大多数人的。既能使人储蓄体力和精力，使人精神焕发，又能抗衰老，还能提升人的免疫力，这都是从快速走路中得到的收获。

当然，我们在进行快速走路这种健身运动前，如果能进行一系列的充分准备，能为我们起到事半功倍的良好效果。事实证明，在进行快速走路健身前，准备得越充分，运动效果越好。那么，我们需要进行哪些方面的准备呢？主要是身体准备、心理准备、物资准备、应急准备等。

（1）充分了解身体健康状况，做好身体准备

现如今，人们每天都过着"养尊处优"的生活，在酷热的夏天里，我们无论在家里还是办公室里，都能享受着空调的凉爽；在寒冷的冬天里，我们有着暖气的温暖。出行时，我们已经很少走路了，即使自己没有私家车，也能乘坐公交车、出租车、地铁之类的交通工具。于是，我们身体的一些功能

已经逐渐退化了，心脏、肺、肾、血管、骨骼、关节、新陈代谢功能也已经严重减弱，但我们平时很难发现这些身体中隐藏的问题，只有当我们外出过程中进行了长距离的快速走路后，我们才会发现，这样的"剧烈运动"居然增加了我们各个器官的负担，甚至让我们感觉到身体被"严重透支"。这就是长期不锻炼身体的后果。事实上，快速走路这种健身运动的方式，已经算是剧烈程度不高的运动了。如果连这种程度的健身运动方式都受不了，那就必须好好看医生了。这种身体状况的你，首先要做的不是去进行快速走路的健身运动，而是先保养好自己的身体。

切记，当我们决定把快速走路当成持久的健身方式后，就要进行身体准备了。这是个原则问题，绝对不能马虎。快速走路开始前，一定要到医院做一个全面的身体检查，要对心脏的功能、每分钟跳动次数、心脑血管情况、肺活量、肾脏、血压、骨骼、关节等情况做到心中有数，认真听从医生的建议，再决定自己走路的速度、时间、距离、强度与方式，这些非常重要，切勿嫌麻烦。

为了自己身体健康着想，一定要养成定期到医院体检的习惯，不要因为舍不得花钱而不去体检。事实上，体检也花不了多少钱。也不要因为以工作忙碌为由而不去医院体检，要知道工作再重要也没有身体健康重要。即使你不决定去进行快速走路这项健身运动，也应该主动去体检，这才是对自己生命健康负责的态度和做法。

（2）做好心理准备，切勿急于求成

进行快速走路这项健身运动方式时，最主要的心理准备是，学会克服急于求成的浮躁心理。选择了快速走路健身后，一定要让自己的心先静下来，明白快速走路健身是一个缓慢的过程，不是一剂猛药，要持之以恒，更要淡定一些，不能总想着今天快速走路健身了，就能立刻把身上的病痛去掉，就能立刻减肥，就能迅速使自己拥有一个强健的体魄。

如果不能做好切勿急于求成的心理准备，总是让急功近利的想法左右自己的心，难免会让自己产生焦虑不安的情绪，然后灰心丧气，最后半途而废。

在一些快速走路健身俱乐部里，常常能看到一些刚刚参加快速走路健身的会员，总是希望快速走路健身能立竿见影，能让自己的身体马上健康起来，结果事与愿违，反而心里非常急躁，心火上升，然后对这种健身方式产生怀疑，直至最后放弃。快速走路这项健身运动方式，虽然不需要特殊的场地，不需要大量时间，不需要特殊的技术训练，但是要持续地坚持下去，这对人也是一个巨大的挑战。所以，心理准备很重要。

快速走路健身不是自由散步，会有一定程度的体力、速度与强度上的要求。在刚开始进行快速走路运动时，我们难免会腰酸腿痛。有时候我们还要面对各种突发状况，需要放弃一些娱乐项目，需要放弃一些不必要的应酬，如此才能保持我们养成每天都快速走路的习惯。这就需要我们克服畏难心理和懒惰心理。

在进行快速走路健身过程中，我们还要克服冒险心理，不能因为自己通过快速走路健身身体变得越来越好了，就去冒险，专门找一些可能会产生巨大危险的路径去走。否则，一旦遭受意外，受伤甚至致命的还是自己。切记，千万不要冒险，不要冲动，学会心平气和地进行快速走路健身，要知道，我们健身的目的是为了更好地保护自己的身体，而不是残害自己的身体！

总之，快速走路健身，别急于求成，别逞能冒险，别冲动。快速走路健身看起来很轻松，但如果想要经年累月地坚持下去，对人的意志绝对是一个严峻的考验，因此必须要有充分的心理准备。

（3）为保证你的安全，请做好物资准备

要想让我们通过快速走路获得良好的健身效果，一定要做好必要的物资准备。如果你只是在家门口进行快速走路健身运动，准备好一个小背包，然后在包里放一条毛巾、一瓶饮用水、一卷卫生纸即可。你的手机、手表、钱包之类的物品也可以放到小背包里。当然，根据具体情况，你还可以放一些别的物资，例如驱除蚊虫的药水。如果身体不是很好，还应该放一些急救药。如果你选择在楼梯上进行快速走路健身，还需要准备好手电和拐棍，以免摔跟头。

假如你进行健身的场所离你的家较远尤其是郊外时，你的背包里除了要放以上物资外，最好还带上雨伞或雨衣、方便食品等。根据你的实际情况，还可以放置一些别的必备物资。总之，充分的物资准备是确保快速走路健身安全的关键，不要轻视这些看上去微不足道的事。要知道，生活中的很多失败，都是由于准备不足造成的。

（4）为以防万一，必须做好应急准备

通过快速走路进行健身运动的方式虽然是最安全的健身方式之一，但在进行过程中也有可能会遇到突发的意外情况，所以，在进行快速走路前，一定要做好充分的应急准备，预想到一切可能发生的危险，然后进行预先准备，这样我们在面对危险时，方能从容应对。

首先，我们一定要准备好一张"紧急联系卡"。在这张卡上，我们要写清楚我们自己的姓名、联系电话、家庭地址、疾病史、过敏史等内容，然后装在兜里或者戴在脖子上，以备不时之需。

其次，设想一下遇到某些危险时该怎么应对。在外出进行快速走路锻炼前，我们要对这个过程中可能会遇到的危险进行分析，想好应对措施。例如，迷路了怎么办？突发急病怎么办？遇到天气突变怎么办？遇到外伤出血怎么办？不慎骨折了怎么办？被蛇虫蚊蚁咬伤了怎么办？

第三，一定要随身携带急救药品，最好是能带上一个小型的急救包。这样就能做到有备无患。身体有严重疾病（心脏病、脑血管病、哮喘、低血糖、癫痫、眩晕等）的人，切记把急救药品放置于安全且便于拿出来的地方，保证能在病发时及时取来服用。

第四，如果带有手机，请一定要保证电池里有充足的电量，能保证通信畅通。手机要充满电，并带上备用电池。如果没有备用电池，请带上充电宝。

总之，为以防万一，必须做好应急准备。快速走路健身虽然相对比较安全，但也不是绝对安全，一定要有安全意识，任何时候都不能掉以轻心，更不能大意。

05
用"石、沙、盐"按摩脚底，既消疲劳又养生

在前面的内容里，我们谈到进行快速走路健身运动时，我们都是穿着鞋子进行运动的。在本节，我们介绍一套不穿鞋子、光着脚进行快速走路的健身运动方式。其主要内容是，光着脚在鹅卵石路上快速行走，或者光着脚在沙子路上快速行走，或者光着脚在铺上了盐的小路上来回快速行走。无数人通过实践证明，用这些方式快速行走，让自己的脚底板得到了充分的刺激性的按摩，既能消除疲劳，又能养生，效果要比平时穿着鞋子快速走路好上很多。

（1）常在鹅卵石路上行走，助人强身健体

国外一家从事脚部健康研究的机构发现，长期并有规律地赤脚在鹅卵石铺成的小路上快速走路健身的人，神经系统要比普通人的灵敏度高两倍，心脑血管疾病的发病率要比普通人低两倍，睡眠质量、消化功能普遍良好，几乎不会失眠、患上脚疾。

这种健身方式为什么会有如此好的效果呢？因为每个人的脚部神经系统都很丰富，脚底上尤其是脚心处有着众多重要的穴位。当人们在鹅卵石铺成的路上快速行走时，穴位就会得到有效的按摩和刺激，从而促进血液循环，帮助消化，提高反应能力，对心、肝、肺、胆、胃、膀胱、肾脏以及大脑神经系统都大有益处。实践证明，一个正常人如果每天能在鹅卵石上快速行走几分钟到几十分钟，对其身体健康的帮助要比单纯快速走路要高出几倍、几十倍，甚至几百倍。

传统中医学认为：长期在鹅卵石上走路，凹凸不平的鹅卵石直接作用于穴位上，使之受到刺激，能活血化瘀，气血顺畅，利五脏，促吸收，会改善人体各器官之间的协调，促进新陈代谢，增加抵抗疾病的能力，延年益寿。长期在鹅卵石路上行走，对脚部疾病的治疗效果会更加明显。

在走鹅卵石路之前，你要仔细检查鹅卵石里有没有玻璃、铁钉、图钉、钢渣之类的坚硬物，以免扎伤脚底。然后，脱掉鞋袜，充分活动脚踝，放松脚部肌肉，而后走上鹅卵石路。走的过程中，请均匀用力，坚持 10 分钟。刚开始走的时候，鹅卵石会挤压我们脚部肌肉，让我们的脚底麻木不已，疼痛难忍，这时候我们的行走速度可以先慢一点儿，等适应了以后，再加速行走。鹅卵石对脚底穴位的刺激很大，刚开始时要轻柔一些，不能过于用力。以防脚底产生脚泡，你可以穿上一双纯棉的薄袜子，然后再在鹅卵石上行走。

（2）常在沙子上快速行走，让人精力充沛

刚才我们已经提到，每个人的足底都有着丰富的穴位，经常刺激这些穴位对身体健康非常有益。除了用鹅卵石来按摩刺激足底穴位外，我们还可以用沙子来按摩足底，以达到让我们身体健康的目的。

在我国古代，人们就已经认识到沙子对养生保健很有帮助。相传有一次，汉高祖刘邦在批阅奏折时突然头昏脑涨，之后便一直不舒服，吃了很多贵重药物都不怎么见效。当官府向民间征集治疗方法时，有一位民间郎中便给刘邦献上了这样一个方子："粗黄沙加热，10 丈长，1 丈宽，赤足于上快速走动，日走百次，疾患去也。"刘邦马上按方子上所说的做，让人找来粗黄沙，然后置于阳光下暴晒。待粗黄沙温度达到一定程度后，刘邦便赤足在黄沙上来回行走百次。就这样坚持了 9 天，刘邦头脑不再昏花，而是变得思路清晰，精力充沛。更令他惊喜的是，困扰他多年的脚病也治好了。最后，刘邦册封那位郎中为御医。

古今无数实践证明，沙子可谓是天然的按摩材料，对恢复身体健康有着独特的效果。赤足在沙子上快速行走，能充分使足底的穴位得到按摩，促进血液循环，使心情放松，促进新陈代谢。根据测算，在沙子上快速行走，对穴位的刺激强度适中，特别适合中老年人和妇女。

沙子通常分为河沙、海沙与山沙。其中，河沙材质最佳。这几种沙颜色看起来都是黄色的，所以又被称为黄沙。据古书记载，赤足在黄沙上快速走路健身，分两种形式：一种是热黄沙；一种是常温黄沙。把黄沙放在太阳光下暴晒，或者用大锅烧热、煮热，都能得到热黄沙。当黄沙温度达到 20~30℃后即可。据古代中医典籍记载，赤脚在热黄沙上行走，对风湿病、脚气、脚癣、指甲外翻、指甲内陷、鸡眼等都有很好的疗效。

如果在热黄沙上行走健身，一定要认真检查温度，保证自己的足底不会被烫伤。测量沙温最简便的方法是手测法，将干燥的手伸进沙子里，感到温度适当即可。如果是在常温、自然的沙子上走路，则要检查沙子里有无坚硬的石头、玻璃、铁钉等坚硬物品，以免扎伤足底。如果有条件的家庭，最好选择在热黄沙上进行快速走路健身，这样效果会事半功倍。

常温黄沙就是不需要加热的黄沙。无数实践证明，赤脚在常温黄沙上快速走路健身，如果能坚持长久的话，能增强人的体质，促进血液循环，延年益寿。在沙子上快速走路健身，通常每次不应少于 20 分钟。因为少于 20 分钟往往起不到应有的按摩效果。

（3）常赤足在盐上走路，能养精蓄锐

有人说，盐是洁白的精灵，是自然界里的神秘物质，是造化生命之初的根本，是勃勃万物的根基。据《汉书》记载，盐为命根，万物之灵，通宇宙之物宝。事实上，盐的确有着很多神奇的作用。拥有丰富生活常识、对盐的用途有了解的人都知道：盐有消毒、活血的功效；盐有安神、醒脑之功效；盐有防腐化瘀、滋养生命之功效。

笔者有一位中年朋友，由于年轻时腿脚被冻伤过，所以每到冬天腿脚就会经常隐隐作痛，这令他烦恼不已。有一次，他偶然知道每天在盐上快速行走，能预防和治疗腿脚冻伤。他听后，马上就在家里的阳台上铺上了 5 米长、30 厘米宽的粗盐，然后赤着脚开始在上面快速行走，每次来回走上 300 趟，这样每次大约是走了 3000 米的路程，15 天后，他多年的腿脚冻伤问题居然得到了很大的缓解。他又坚持了一段时间，最终痊愈了！

通过无数实践总结，赤足在盐上走路，至少有五个好处：一、消炎止痛，活血化瘀；二、促进血液循环，提高血管壁韧度；三、刺激穴位，养精蓄锐；四、使人心情舒畅，思维敏捷；五、能有效预防脚部疾病。

当我们选择赤足在盐路上行走来健身时，我们就要自制一条盐路出来。我们先制造出一个盐槽，盐槽的长可以是 6 米，宽可以是 50 厘米，高可以是 20 厘米。然后，把盐铺上去即可。在盐的选择上，我们首选粗盐。如果买不到粗盐，我们再买精盐。

如果你做不了盐槽，也可以在室内直接把盐铺在地上。既可以把盐铺成圆形，直径大约为 5 米；也可以铺成长方形，长度根据室内情况而定；还可以在墙四周铺成四角形，盐的高度随意，只要走路感到舒服就可以了。开始在盐路上行走健身后，最好坚持天天走，每次的时间最好控制在 20 分钟左右。

盐有强烈的杀菌作用，在盐上走路前，要先用清水把脚洗干净，用干毛巾把脚擦干，以保持盐的干燥与清洁。如果脚底上有皮肤溃烂、起水疱等情况，最好不在盐上走路；如果脚底有灼烧感，或异常疼痛，也要及时停止，迅速洗脚。如果尝试了几次都还有这种情况出现，建议您放弃这种健身方式。

06
天天爬楼梯，也能为你储备体能和精力

　　如果工作繁忙，周围没有公园、广场、运动场之类适合运动的场所，却还要每天都进行适当的运动，那么最适合的无疑是爬楼梯了。事实上，爬楼梯这项健身运动，在大城市里很容易就能找到场地。因为这些年来，每一座城市里，高楼大厦都越建越多，我们绝不会缺少让我们爬楼梯的地方。

　　其实，在工作和生活中，即使我们不刻意去寻找爬楼梯的地方，我们也每天都被动地一次又一次地爬着楼梯。当然，随着电梯越来越在高楼大厦里普及，即使有高楼，人们也越来越会首选坐电梯了。当乘坐电梯成了生活的一种习惯后，很多人仿佛都忘了，爬楼梯其实也是一种非常好的锻炼方式。

　　由于天天坐电梯上下班，越来越多人害怕爬楼梯了，这里面有很多都是年轻人。为什么会害怕爬楼梯呢？因为每次爬楼梯时，他们就会感到腿软、心慌、呼吸困难、大汗淋漓甚至头昏脑涨。当每次爬完楼梯后都发现这是一次很糟糕的经历和体验后，他们自然会能选择坐电梯就选择坐电梯。殊不知，越是这样他们就越不能明白，自己的体质已经越来越差，精力越来越不好，已经需要锻炼了。

当他们中的有些人终于想起来要去锻炼身体时，他们往往首先想到的是到健身馆里去办张卡，又或者下班后晚上去夜跑。当然，这些做法也很好，很值得提倡。只不过，其实有一种很好的锻炼方式就在他们身边，那就是爬楼梯。

楼梯可以称得上一种锻炼身体的廉价运动器械，把爬楼梯作为一项简单实用的健身运动方式，长期坚持下去，相信很快你就能发现，你的身体状况越来越好，你的精力越来越旺盛。

爬楼梯这项运动其实是一项很适合大众人群进行的健身运动。首先，爬楼梯运动不受外界环境的干扰；其次，爬楼梯不需要借助什么特殊的装备；第三，爬楼梯不需要你去到较远的固定运动场地，楼梯随处都有；第四，爬楼梯不需要你在某些固定时间里才能进行，你随时都可以爬；第五，爬楼梯安全系数很高。

其实，早在 20 世纪 70 年代，美国和英国便开始盛行爬楼梯健身运动。在当时的年代，平均 100 个人里就有 1 个人是爬楼梯健身运动爱好者。他们中的有些人甚至还成立了爬楼梯运动健身协会，定期交换心得体会，搞一些象征性的比赛，鼓励更多的人加入爬楼梯健身运动的行列中来。

刚才我们提到，爬楼梯很适合大众。那么，坚持每天爬楼梯，对我们的身体又有哪些好处呢？实践证明，经常坚持爬楼梯，对身体至少有 4 大好处。第一个好处是，经常爬楼梯，能帮助我们保持腿脚关节的灵活性，避免关节僵化。同时，经常爬楼梯还能增强韧带和肌肉的力量，防止肌肉老化。

国外有一个疾病预防研究中心曾做过这样一个实验，他们选取了年龄

（均为 56 岁）和身体条件基本相同的人各 26 名，跟踪了 8 年后发现，始终坚持爬楼梯运动的这 26 人无一人患上关节病，肌肉十分健壮，走路显得很有力量。而没有参与爬楼梯健身运动（也没有参与任何别的健身运动）的另外 26 人，有 12 人感到腿脚发凉、麻木、走路无力，剩余 14 人则患上了关节炎和关节僵直病。

坚持爬楼梯的第二个好处是，能促进心肺功能，使血液循环畅通，保持心血管系统的健康，防止高血压病发生。刚才提到的那家研究中心还做了另一个实验，就是找来 20 名 65 岁以上的老年人，让其中的 10 名老人天天坚持进行爬楼梯健身锻炼，另外 10 名老人则既不进行爬楼梯健身锻炼，也不做其他健身运动。6 年后，研究中心发现，坚持每天爬楼梯的这 10 名老人，没有一个人出现心脑血管方面的疾病，连高血压都没有！而另外 10 名老人，则 100% 患有心脑血管方面的疾病。

坚持爬楼梯健身运动的第三个好处是，能减肥。实验和研究发现，在相同的时间内，爬楼梯消耗的热量与登山消耗的热量差不多，要比打羽毛球消耗的热量多 2 倍，比单纯步行消耗的热量多 3 倍，比打乒乓球消耗的热量多 4 倍。无数实践事实证明，坚持爬楼梯 10 年的人，没有一个是胖子。

坚持爬楼梯健身运动的第四个好处是，增食欲，助消化，防便秘。爬楼梯这项运动其实消耗的体力还是比较大的，所以爬完 1 个小时的楼梯后，人便容易饥饿，食欲会大增，从而有效地增强消化系统的功能。由于需要腹部反复用力运动，从而使得人体的肠部蠕动加剧，因此能够有效地防止便秘的发生。

既然坚持爬楼梯健身运动有这么多好处，我们不妨尝试一下？这时候有人可能会问，爬楼梯要爬多久才能有效果呢？研究和实践表明，爬楼梯健身运动这种方式虽然很简单，但是要达到锻炼目的，必须保持在 30 分钟以上的时间，爬楼梯的速度最好以中速为好，楼层应该把握在 10 层以下。

在进行爬楼梯健身运动之前，我们一定要先做好准备活动。在爬楼梯之前先找个地方慢跑热身几分钟，待身体感到微微发热时，再把各个关节、腰部、肌肉和韧带等活动一下，等活动开了，再去爬楼梯。在爬楼梯过程中，我们一定要学会合理分配自己的体力，刚开始时，应该平缓用力，而不要把体力过早地消耗完，否则，你很可能会在中途放弃。

在选择爬楼梯的时间段时，尽量别选择人们上下楼梯的高峰期。还有就是，我们应该穿轻便的运动鞋、胶鞋或布鞋去爬楼梯，千万别穿着拖鞋、皮鞋、高跟鞋之类的去爬楼梯，以免受伤。

总之，爬楼梯健身运动是一项极其方便、实用的健身方式，在你没有选择其他更好的运动方式之前，不妨也加入爬楼梯的运动人群之中吧。